FAIL FAST
LEARN SMART

大胆假设，小心求证，试验创新

A/B测试
创新始于试验

王晔 等著

U0390850

机械工业出版社
CHINA MACHINE PRESS

我们如今看到的各种互联网产品的改版以及创新，其背后都离不开试验工作，其中被互联网、移动互联网行业广泛应用的试验方法是A/B测试。A/B测试的本质是试验，作为一种新兴的网页优化方法，通过对比试验增加转化率和注册率，带来产品和运营的创新，以实现各项指标的增长，如今它更是增长黑客所必备的核心思维方式和工作方法。在流量日渐昂贵、精细化运营的大环境下，互联网产品、运营和市场营销人员需要具有A/B测试思维，以测试结果为依据做决策，优化页面，提高转化率，迭代产品。

　　本书作者因在谷歌总部工作时发现了A/B测试的巨大作用而回国创业，并将自己对试验的理解和多年的经验进行梳理，在书中介绍了试验的本质、A/B测试的概念和价值、A/B测试的方法论和实战步骤，以及电商、金融、教育、旅游、快消品、UGC、PGC、媒体网站、SaaS等行业的应用案例，着陆页、App、网站、服务器端和推荐算法等不同场景的优化案例，还有针对决策者、产品经理、互联网运营、市场营销和工程师的案例。

图书在版编目（CIP）数据

A/B测试：创新始于试验 / 王晔等著 . —北京：机械工业出版社，2019.2

ISBN 978-7-111-61776-1

Ⅰ．① A… Ⅱ．①王… Ⅲ．①软件—测试 Ⅳ．① TP311.5

中国版本图书馆 CIP 数据核字（2018）第 298834 号

机械工业出版社（北京市百万庄大街 22 号　邮政编码 100037）
策划编辑：刘　洁　　责任编辑：刘　洁
责任校对：李　伟　　责任印制：张　博
北京东方宝隆印刷有限公司印刷
2019 年 3 月第 1 版第 1 次印刷
145mm×210mm · 7 印张 · 3 插页 · 182 千字
标准书号：ISBN 978-7-111-61776-1
定价：69.90 元

凡购本书，如有缺页、倒页、脱页，由本社发行部调换

电话服务　　　　　　　　　　网络服务

服务咨询热线：010-88361066　机 工 官 网：www.cmpbook.com
读者购书热线：010-68326294　机 工 官 博：weibo.com/cmp1952
　　　　　　　　　　　　　　金 书 网：www.golden-book.com
封面无防伪标均为盗版　　教育服务网：www.cmpedu.com

赞　誉

广告行业有句老话："总有一半的广告费是浪费了的，但是不知道是哪一半。"这句话在广告行业一直正确，直到互联网和移动互联网让广告和行为在线化和数据化，这句经典语录终于开始有了不同的可能性。同时，经过接近八年的快速发展，移动互联网用户也从以增量用户驱动进入对存量用户运营。以上这两个趋势和变化，都指向了一个方向：我们可以更加了解用户到底是如何选择、如何决策的，而这个问题的背后就是本书中所深入浅出解释的"A/B测试"。

——李丰，峰瑞资本创始人

随着数字营销的投入越来越大，我们对数字营销的转化效果也越来越重视。本书介绍的A/B测试方法，还有A/B测试在营销创意优化的实践经验，给我们很多启发。推荐本书给关心市场营销的朋友阅读，可以帮助大家在日后的工作中持续地提升营销效果。

——宋星，纷析咨询创始人，互联网营销技术与数据专家

过去几年，我们总谈人口和流量红利，今后几年，我觉得应该是数据和方法论红利。而增长黑客和A/B测试就是企业急需掌握的两个数据驱动增长的方法，能够先人一步体系化运用的公司，会在下一轮竞争中拥有明显的优势。王晔老师的这本书理论扎实、案例丰富，是不可多得的学习A/B测试的教科书。

——曲卉，前增长黑客网（growthhackers.com）负责人，
《硅谷增长黑客实战笔记》作者

伴随人口红利的衰减和移动浪潮的消退，高歌猛进的欢喜时代悄然落幕，人们对挖掘增量和对盘整存量的做法莫衷一是，有人认为要追逐价值，有人索性附庸于流量。"物竞天择、胜者为王"，硅谷的成熟科技公司非常善于利用 A/B 测试等试验手段来精确演算自身商业发展的最佳路径。王晔博士的这本书将为你带来超前沿的一手洞见。

——范冰，《增长黑客》作者，增长官研究院创始人

互联网公司最大的特色是快速迭代和数据驱动，而这背后的关键技术就是 A/B 测试。小到颜色调整、按钮摆放，大到文案设计、产品逻辑，都可以用 A/B 测试来驱动产品的创新优化。可以说哪个团队真正用好、用足了 A/B 测试，哪个团队才成为真正数据驱动的互联网团队。可惜国内用好的团队很少，大公司有自己的产品，王晔从 Google（谷歌）回国创建吆喝科技公司，瞄准这一方向，三年来发展了不少用户，可是发现用好的团队却不多。这也是他撰写这本书的动力，让更多的开发团队更深入地理解 A/B Testing 的重要性、方法以及成果。

"微小的差异决定了谁将生存，谁将毁灭"，细节的累积最终决定成败，决定细节需要数据驱动，数据驱动决策要靠 A/B 测试，希望开发者、产品经理充分使用 A/B 测试，我们的互联网产品就会越来越好。

——蒋涛，CSDN 创始人

数字化时代生存必备的技能之一，就是拥有试验思维并且精于开展针对性的测试。大到商业模式的验证，小到一个广告创意的优化，概莫能外。王晔在 A/B 测试 SaaS 领域创业的同时，还能将自己的丰富经验和实战案例编撰成上乘之作，让人敬佩！

——熊长青，亦合资本创始合伙人，九枝兰创始人

有王晔"老司机"带路，A/B 测试之道将充满旖旎风光。

本书将 A/B 测试的来龙去脉、理论实践和经验教训等都介绍得非常清楚。其中丰富的案例令人印象深刻，很多案例都有很好的参考意义，另外，书中介绍的 A/B 测试的基础理论也是非常有价值的，它帮助人们设计更科学的试验方案。

"Fail Early，Fail Often，Fail Forward"（早试错，常试错，敢试错）是硅谷很多科技公司的创新理念。在很多创新的领域中，低成本和低风险的试错是持续获得更大成功的重要基础。试错就需要一个可靠的和科学的试验平台来支持 A/B 测试。我们从 A/B 测试获得的不仅仅是更优的手段，也有数据驱动的精益运营的理念。

数据时代，企业都在不遗余力地收集数据，"小步快跑"地激活数据，探问不止地驱动数据，A/B 测试作为一种重要的试验方法，对于企业提升产品或服务的用户体验有重大的意义。

如果我们来做一次测试，为了优选出市场上最好的 A/B 测试参考书，我相信，无论此书在对照组还是在试验组，都能够获得胜利。

——欧阳辰，品友互动 CTO（首席技术官）

互联网时代，环境快速变化，企业必须采用全新的数据驱动的决策体系和创新模式。试验迭代（A/B 测试）是其中最为核心的一步，也是 Facebook（脸书）、Google、今日头条等知名企业不断创新和增长的秘密和源泉。王晔博士结合自己在硅谷知名企业的见闻和体会，以及与中国数百家企业合作的实践经验，总结出一套企业试验的思维、方法、工具和实战案例，值得所有企业管理者和一线员工好好借鉴和应用。

——孙天澍，USC（美国南加利福尼亚大学）马歇尔商学院教授

王晔深耕增长行业多年，从耶鲁到谷歌，把增长的方法论和工具带到中国互联网，是 A/B 测试在中国很早、很卓有成效的布道者。《A/B 测试》这本书是互联网江湖的"九阴真经"，王晔将各个细分领域的优秀案例深刻剖析，读来宛如按图索骥，不仅为读者描绘了增长天堂的模样，还搭好了云梯，字字珠玑！

——周喆吾，MetaApp 联合创始人

产品经理的日常之一就是"吵架"，每次跟老大过方案或者跟需求方过方案都会吵架，谁都说服不了谁，因为所争执的点通常都是"假设"或者主观的东西。每次吵完都是内伤，虽说"对事不对人"，大家要理解吵架的行为，都是为了把产品做好，对用户负责，对公司负责……如果想解决吵架问题或者降低吵架的概率，大家能开开心心地把事做好，我觉得很好的办法就是做 A/B 测试，通过 A/B 测试，记录下用户的使用情况再进行分析，就能知道哪个方案更靠谱。

——曹成明，起点学院、人人都是产品经理网站创始人兼 CEO

这是一本重量级的 A/B 测试参考书，可以整体提高中国互联网从业者数据驱动的认知和能力。企业具备数据驱动的文化、流程和工具是非常关键的，A/B 测试就是重要的工具之一。希望本书能够帮助推动各行业通过数据挖掘和数据产品的广泛应用，找到健康增长的飞跃曲线，让每个互联网团队都体会到数据科学和试验迭代的巨大价值。

——顾青，DTALK 创办人，E-Bizcamp CEO

"优化"是运营一款产品的上好策略。接手一个业务问题，运营人的第一思维是"分析数据、找出原因、提出解决方案、上线执行"四步完成，而往往忽略了关键的一环：解决方案的质量。解决方案一旦失败，就意味着浪费运营资源。而试验的价值，就是把这种浪费打消于无形，掌控成功。我曾在博文中说过一句话："神一样的运营经理，首先是一个把脉高手，其次是个试验狂人，二者缺一不可。"这本书能帮你变身运营高手，是一本实战指南式的好书。

——韩利，《运营实战指南》作者

A/B Testing（A/B 测试）这个词儿很时髦，做互联网产品的人差不多快挂在嘴边了。然而，行业内的人其实多少都知道，国内真正把这个理论落到实处的公司凤毛麟角。这在移动互联网趋势和流量红利爆发的上半场似乎没问题，甚至天经地义，因为那时候跑马圈地是第一要务。然而在移动互联网进入深耕细作的下半场的今天，这个问题就越来越凸显了，如何针对存量用户进行业务的优化？国内互联网巨头和硅谷知名公司在技术驱动的理念和基础设施上的差距已经被越来越多的人认识到了。

这些年看着 Sando 和 吆喝科技的 A/B Testing 产品一路迭代，越来越成熟，也越来越贴合国内用户的使用场景，我深感欣慰。所以每当有人说起 A/B Testing 解决方案时，我也都会毫不犹豫地在第一时间就推荐吆喝科技。感谢 Sando 的这本书，帮助我更深刻地理解了 A/B Testing，也让我知道了为什么吆喝科技在这个领域内能独树一帜。

——彭圣才，"菜园子"产品经理社区创始人

百度于 2010 年年初引入 A/B 测试，用于评估网页搜索结果 UI（用户界面交互）的变更，对比不同商业策略对于业务指标的影响；腾讯则更早在频道首页的改版中采用类似的评价机制。今天，A/B 测试在互联网产品的开发中被越来越多地采用，发挥着无可取代的作用。本书由业内人士撰写，为读者呈现这一领域的全貌。

——王毅轩，百度技术专家

在商业竞争如此激烈的今天，任何成功都需要每个点能够最大化。这种最大化不是想出来的，需要不断假设、验证和总结，这其中 A/B 测试无疑是一种宝贵的思维方式。

——许静芳，搜狗搜索总经理

中国移动 10086 和其微信、微博、App 等互联网服务渠道覆盖 7 亿用户，为实现持续增长和高效转化，我们设立 15 人的数据增长团队，将自动化 A/B 测试应用于图文、海报、菜单、着陆页等关键场景的设计工作中。经过持续运营，商品下单率提升 484.8%，活动转化率提升 112.7%，资讯阅读率提升 185.1%。实践证明 A/B 测试是互联网团队必备的能力，在精细化运营的互联网下半场，本书给了我们更多指导和方向。

——陈庆，中移在线互联网运营中心副总经理

王晔兄将自己多年从事与 A/B 测试相关工作的方法论融合到书中，结合理论、案例实践和工具使用等多个方面介绍了 A/B 测试在互联网应用的内涵与外延，是国内目前介绍 A/B 测试非常难得的一部著作。

——樊聪，前美团点评 A/B 测试系统负责人，现旷视科技技术总监

前　言
试验不息　创新不止

1. 从一个故事说起

2013 年的一天早上，我在谷歌（Google）总部广告质量部门的办公室里盯着显示器上的图表，站在我身旁的是穿着正式的广告产品经理。"以现在的试验数据来看，我们申请把流量推上 20% 吧？""先看看美国地区的细分结果。"类似这样的严肃讨论几乎天天都在发生，在我的办公室内发生，也几乎在每一个其他小团队的办公室里发生。

你可能想问，这样的对话到底是在讨论什么？当时我们团队正在用 A/B 测试的方法来进行一个线上试验。我们需要每天（有时候每小时）观察试验数据，做出项目的下一步决策，如果这个决策的影响可能会比较重大，例如将影响谷歌 20% 的用户，那么我们需要向上级领导汇报以得到其支持。

我们做的试验源于一个大胆的想法，这个想法来自搜索部门的产品经理：搜索产品时试着把谷歌搜索结果（包括广告）里的 URL 换成结构化的域名，例如把"http://www.appadhoc.com/lpo"换成"AppAdhoc.com > LPO"，这么做会不会提升用户浏览搜索结果的效率从而提升用户的广告点击率呢？这样的事情从来没有人做过，包括谷歌的竞争对手们也没有做过。这样的改动用户会喜爱吗？这样做会不会让用户更容易找到想要的搜索结果？有可能，但也不一定，答案似乎见仁见智。没有人能预测这个项目会不会有收益，更没法预测具体会给广告营收带来 1% 的影响还是 10%、0.1%，或者没有任何影响。

如果按照"传统"的企业决策流程,产品经理将围绕这个想法做一些用户调研,然后将项目汇报给领导,如果领导认为这个想法值得一试(很多情况下领导会劝产品经理放弃),会组织会议进行讨论,因为会议上有人喜欢这个想法,而有人不喜欢,最终的会议决议可能会放弃这个想法。

谷歌的做法不一样,产品经理将想法口述给领导,领导同意运行一个"2% 流量"的试验。技术团队花了几天时间完成了研发和测试,试验很快就上线了。2% 的搜索流量被采样进入试验,其中 1% 的用户作为对照组会看到 URL(如 http://www.appadhoc.com/lpo),另外 1% 的用户作为试验组会看到域名(如 AppAdhoc.com > LPO)。这两组用户的广告点击率被准确地采样统计,然后对比分析,得出实时的试验结果。试验结果不是很显著,但是似乎试验版本的样本均值略好一点(如 +1% [-2%,+4%]),也就是说从采样样本来看试验组的广告平均点击率高于对照组,但是从统计意义来看还不能确定两者谁更好。通常情况下,试验结果不显著是因为样本量不足,所以我们希望做更多的分析,然后向领导建议将试验推送给更多的用户(20%),获得更多的试验样本,以期待有可能得到更明确的试验结果。

这样的试验项目在谷歌很常见。具体来说,谷歌每个月都会运行 1 000 个以上的试验项目。每个试验项目的参与者都来自这个大公司的各个部门:产品经理、工程师、销售人员、客服人员、法务人员、质检人员、策略研究者、市场人员等。项目的负责人通常是产品经理,他会管理工作进度及协调公司资源。项目的其他参与者会向各自的部门领导汇报,保证项目决策得到相关部门的支持。

从谷歌的实践来看,这种跨部门组建的试验项目小团队很有战斗力,谷歌内部几乎所有成功的项目都是这么落地的。我觉得这种成功来自于试验项目的管理得当、目标明确、路线清晰，以及特别重要的——我们可以利用强大的 A/B 测试。

2. A/B 测试带来了很多好处

像"URL 改成域名"这样的项目几乎都是通过 A/B 测试试验系统来实施的。由于这个原因，在谷歌内部，"项目"这个词几乎已经被"试验"所完全替代。广泛使用 A/B 测试为谷歌带来了如下长久的巨大的好处：

✓ **确定可预测的业务提升**：每个试验项目的收益在完全上线之前就可以精确衡量，甚至精确到 0.01%（注意，考虑到谷歌的业务体量，营收增加 0.01% 相当于每年多赚或者少赚数百万美元）。如果一个试验项目会带来负增长，这个项目很可能就不会上线；只有带来正增长的试验项目，才会加大投入并最终推广给全量用户。通过 A/B 测试精确预测每个项目的商业回报，然后有选择地上线项目，谷歌可以确保每年广告收入增长约 20%（约 100 亿美元规模），从而保证利润和股价持续十多年的攀升。

✓ **低风险、高效率的试错**：试验项目必须经过小流量的灰度发布阶段（如 1% 的流量），只有确定达到了业务预期，并且没有故障，没有过负载，没有用户投诉，没有违背政策监管，没有其他风险，才会推广给更多用户。这样做大幅度降低了决策风险，把可能的损失降到最低。同时，A/B 测试排除了试验之间的互相干扰，小流量试验可以大量并行进行，大幅度提高了试错效率，把互联网迭代优化的速度推到了极致。因此，谷歌常常有上千个试验并行运行。

✓ **创新的企业文化**：谷歌是一个巨型公司，在全球各地有好几万名优秀的员工，公司有复杂的组织架构。这样的公司很容易滋生"大公司病"，每一个决策都可能因为受影响的部门太多而遭遇重重阻碍。

A/B 测试的低风险、高效率，以及过往的成功实践，持续鼓励公司的新老员工开拓思路并大胆创新，避免了故步自封的"大公司病"问题。创新的企业文化，是企业长久生命力的源泉。小团队创新的工作方法，使阿米巴企业管理方法可以成功落地。

当然，有些项目并不能通过 A/B 测试来做，如谷歌的电视棒项目（Chromecast）是一个典型的从 0 到 1 的创新项目。对于这种没有用户基础的新产品，我们虽然不能用精确、方便的 A/B 测试做试验，但是可以用其他的试验方法，如最小化可行产品（MVP）的市场测试方法。

3. 如何复制这个成功

试验，尤其是 A/B 测试的价值很高。在硅谷巨头公司、华尔街和各种创新企业，试验都取得了巨大的成功，但是在目前的中国市场，试验还不太成熟。在很多行业里，美国企业的试验能力和试验效果都比我们领先很多。在巨头公司的对比中，谷歌每年的试验数量是携程的 10 倍；在 A/B 测试服务商的对比中，Optimizely 上的试验数量比吆喝科技（App Adhoc）上的试验数量要多 10 倍。

其实无论是在中国、美国还是其他市场，还有很多企业没能建立起试验创新的文化。要实现试验驱动的增长，需要正确地在企业内建立 A/B 测试的文化，搭建完善的基础设施，采取正确的工作方法。我们通过多年的工作和观察，在尝试走试验驱动路线的企业内，发现了一些常见的问题，将其大致可以分为以下三类：

（1）决策者缺乏试验的思想，项目决策谨慎但是实施坚决。这种"传统"方法经常遇到的问题是产品团队投入 3 个月用于研发产品的大改版，最后没有业务上的回报，甚至用户反馈新版还不如以前。正确的做法应该是反其道而行之，大胆假设，小心求证。不做试验的企业虽然还为数不少，但是已经在大量转变。在激烈的市场竞争下，企业越来越以结果为导向，对领导者和业务骨干的要求也越来越高，大企业的各个层级的领导们也越来越重视试错和迭代。

（2）**决策者有试验的思想，但是缺少 A/B 测试的正确实施方法。**虽然领导希望做 A/B 测试来验证决策，但是实施起来需要投入大量人力和时间成本，容易出错，试验设计、试验配置、试验结论也常常饱受争议，并没有提高企业效率，甚至事倍功半，形式大于内容。这样的组织可能处在学习互联网思维的实践阶段，随着互联网产业的蓬勃发展和影响力加强，它们正在快速改进，走上正轨。

（3）**已经在正确地运用 A/B 测试，但是效率低、频率低。**很多业务线一年尝试的试验不到 10 个，这样的试错速度并没有比传统方法提高多少，只是保证了错误的决策不上线，并没有真正利用好互联网的强大力量。对这些组织来说，目标应该是将试验数量提高 10 倍，方法是人才培养和文化建设，以及采用更好的 A/B 测试基础设施，鼓励高频、高效的创新项目，增加单位员工的试验产出。

4. 为什么写这本书

意识到这些企业普遍面临的问题后，我觉得 A/B 测试的系统性知识和经验会对各行各业的业务负责人很有帮助，特别是对互联网线上业务的从业者来说，A/B 测试是必备能力，这促成了本书的写作。

A/B 测试在各行各业的很多场景中都已经有成熟的应用和不可替代的价值，特别是在互联网行业、科学研究、基础农业、医疗、金融、公共政策、市场营销等领域都非常成功。在互联网行业，一个特别热门的 A/B

测试应用场景就是产品运营的增长黑客。增长黑客借助互联网和 A/B 测试的力量让业务增长的速度远超传统行业，这套方法容易落地，投入产出比高，无数成功的独角兽互联网企业就是利用增长黑客创新创业，并创造了财富的。本书的内容将重点放在互联网产品运营特别是增长黑客的 A/B 测试上。

本书的定位是 A/B 测试的工具书。我们从实践角度出发，介绍了 A/B 测试的理论原理，标杆企业的最佳实践，进而详细介绍 A/B 测试的实际应用场景、落地实施流程和业务产出预期。无论你是决策者还是业务骨干，是产品负责人还是软件工程师，是内容运营人员还是市场营销经理，希望本书的思想和内容都可以帮助到你。

在本书的写作中，很多行业专家，特别是吆喝科技的专家们为我提供了丰富的案例素材和专业建议。如果没有他们，这本书无法完成。在此，我要特别感谢李淼、沈国阳、张毅飞、柏利锋、刘飞、李想、蒋守战、李翔宇、陈聪、刘泽军等。

王晔（Sando Wang）

2019 年 1 月

目　　录

扫封面上作者简介处的二维码，可免费获取书中所有模板。

第 1 章　数据驱动是试验本质

1.1　生活处处有试验

日常生活中，每个人每一天都会遇到各种需要选择的情形，例如：

"今天穿黑色还是白色的 T 恤出门？"

"晚上外出的时候要不要带伞？"

"西红柿炒鸡蛋到底要不要放糖？"

……

当我们为了解决某一个问题而在不同的备选方案中做出选择时，就已经开启了一个个试验，试验的结果就是所谓的经验。因此，归根到底，真正带给我们真知与进步的就是试验，试验能够帮助我们检验假设并从中挑选出可行的方案，这也正是伟大的无产阶级革命家与理论家毛泽东同志所言的"一切从实际出发"。在当今语境下，这个"实际"指的是推动各行各业实现创新和发展的试验。下面我们一起来看看，来自生活与工作中的试验。

1.1.1　"鸟"生浮沉启示录：达尔文雀的自然进化试验

在太平洋中有一群有名的小岛，叫作加拉帕戈斯群岛（Galapagos Islands）。加拉帕戈斯群岛位于赤道之上，在南美洲国家厄瓜多尔以西约 1 000 公里的茫茫大海之中，在漫长的地球和生物演进中，它都只是无名群岛，之所以能够进入人们的视野，是源于进化论之父达尔文的科学研究。

达尔文对此地雀类的研究，奠定了加拉帕戈斯群岛在科学史上独特的地位。究竟该群岛与曾经生活在其中的雀类有什么特别之处呢？

　　这要从加拉帕戈斯群岛中的一个小岛——达芙妮岛（Daphne）说起（见图 1-1、图 1-2）。

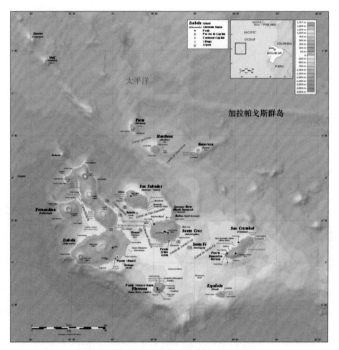

图 1-1　加拉帕戈斯群岛

图 1-2　达芙妮岛

170 多年前，查尔斯·达尔文（Charles Darwin）乘坐"小猎犬"号科考船航行到加拉帕戈斯群岛，被这些岛上特有的物种所吸引，其中令人瞩目的是岛上的雀鸟。

加拉帕戈斯群岛和附近的科科斯群岛（Cocos Islands）上共住着 15 种特有的雀鸟，而这 15 种雀鸟是在短短的 150 万年间由同一个祖先辐射式进化而来的。达尔文被这些特有的雀鸟迷住，他发现这些鸟在体型、鸟喙等形态上有着巨大的差异，而这些差异能够很好地被不同岛上的地形、气候等因素解释，形态的差异体现了不同的雀鸟对不同的地理环境的适应性。达尔文对这群雀鸟的开创性的观察和研究，也极大激发了他对进化论的宏伟框架的构思，而这些雀鸟也成为"进化论"的经典论据。因此，后人将这些雀鸟亲切地称为"达尔文雀"。

然而，达尔文雀的成名则诞生于 1975~2006 年间的现实版的进化试验，第一次将进化论的镜头拉到大众的视线中：在达芙妮岛上勇地雀（Geospiza fortis）和大嘴地雀（Geospiza magnirostris）的进化试验中，人们第一次感受到自然环境的变化如何"极速"地选择并塑造了一个鸟类种群中个体的形态（见图 1-3）。

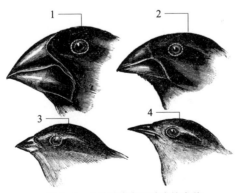

图 1-3 大嘴地雀和勇地雀等雀种

1—大嘴地雀 2—勇地雀 3—小嘴地雀 4—绿莺雀

在较早的时候，岛上的勇地雀的主要食物是较小的种子。但是在1977年，一场严重的干旱爆发了，导致小种子的食物不够勇地雀食用。因而勇地雀中那些鸟喙较大的成员便开始渐渐去食用大花蒺藜（Tribulus cistoides L.）的种子。

大花蒺藜的种子较大，有着厚厚的外壳和尖锐的刺，只有大的鸟喙才能处理。因此，经过了1977年的干旱，勇地雀中鸟喙较大的成员由于有了更广泛的食物来源，渐渐有了繁殖的优势，带动了整个勇地雀的鸟喙的平均尺寸迅猛增长（见图1-4）。

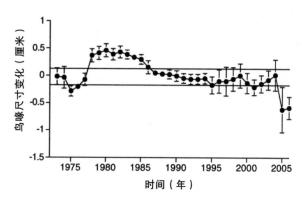

图1-4 1975~2005年达芙妮岛上勇地雀鸟喙尺寸的变化
注：图中纵轴的正值代表变长，负值代表缩短。

但是好景不长，风调雨顺地过了几年之后，岛上充足的食物吸引了大嘴地雀的光顾。大嘴地雀有着大大的鸟喙，而且体形是勇地雀的两倍，糟糕的是，它们同样喜爱以大花蒺藜的种子为食，因此这和刚刚改变食物的勇地雀形成了竞争。随着大嘴地雀在达芙妮岛上的繁殖，勇地雀受到了压制。大嘴勇地雀无法在食物争夺战中打败大嘴地雀，选择的压力迫使大嘴勇地雀继续回去吃传统的食物——小种子，因此它们平均的鸟喙尺寸开始逐渐回落。噩梦终于在2004~2005年降临：一场持续的干旱使得岛上的大花蒺藜大量减产，干旱的杀伤力体现在这两群鸟的数量上，勇地雀由大约 1 300 只减少到大约 150 只，大嘴地雀由大约 250 只减少到几十只（见图 1-5）。

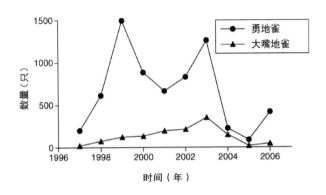

图 1-5　1997~2006 年达芙妮岛上大嘴地雀和勇地雀的数量变化

可以想象，这场干旱极大地激化了大嘴勇地雀和大嘴地雀的食物争夺战。"战争"的结果也非常惨烈，勇地雀的鸟喙尺寸出现了断崖式的缩减，这暗示着，在这场残酷的食物争夺战中，大量的大嘴勇地雀落败并且饿死，实际上，大量的鸟的尸体解剖结果也支持了这一观点。

对达芙妮岛上的勇地雀来说，这是一个悲伤的故事。在这个故事中，我们肯定注意到了一个非常有趣的点，那就是这群勇地雀为什么有如此神奇的能力，使得它们的鸟喙尺寸在短短 30 年间"随意"变化，可以适应不同的环境？大自然"设计出"喙大小不同的雀鸟（不同的版本），让它们为生存做斗争。在同样的环境下，喙的大小成为决定雀鸟生死的关键因素，这便是物种进化中大自然所做的试验。

勇地雀正是依靠自然变异来进行大量的试验，才能够应对不同的环境变化，通过改变鸟喙的形状来及时调整自己的食物来源从而生存下去，在达芙妮岛上生生不息。基因时代对鸟类的研究，则将一切揭示得更加清楚了。研究人员比对了不同鸟类种群中大嘴鸟与小嘴鸟的基因组，发现有一个基因组的位点一致性地显示出极强的信号——HMGA2 基因。它和人类的颅部发育、牙齿萌出有关，也很可能是引起鸟喙大小发生改变的基因。而勇地雀正是依靠其种群内在这个基因上大量的自然变异，才能够应对不同的环境变化。

"微小的差异决定了谁将生存，谁将毁灭"。达尔文概括了大自然进化试验的精髓：细节的累积最终决定成败。

1.1.2　林德试验：现代医学离不开 A/B 测试

在促进人类医学发展的过程中，"临床试验"有着极为重要的地位。临床试验可以确立新的治疗方法的效果，后人才能享有先进的医疗服务。临床试验是以人体为对象研究新的治疗方法（如新的药物、新的医材），并在外在条件皆受到良好控制的情况下，让志愿参与的受试者接受试验（见图 1-6），并观察这个新的治疗方法对疾病的疗效及其进展。

图 1-6　受试者接受临床试验

以新药的临床试验为例，新药的效果如何？会有什么副作用？治疗方法能否发挥效用？都必须借由受试者真实的试验结果与反馈才能得知；

但同时受试者也有获得潜在利益的机会，受试者因接受新的药物或新的治疗方法，其疾病可能会有缓解，甚至痊愈的可能。这种看似通俗易懂的过程却是药品行业最科学的检验机制，这种试验也是一种 A/B 测试（也叫对照试验）。

现代医学科学引入 A/B 测试的方法来进行临床试验以验证新药的疗效，其流程通俗地讲就是：受试者被医生悄悄划分为 A、B 两组（注意受试者并不知道自己被分组而且他们的健康情况是接近一致的），A 组受试者将会得到试验新药，B 组受试者将会得到和新药一模一样的安慰剂。如果最终 A 组受试者比 B 组受试者的疗效更好，就能证明新药的药效是真实可靠的。

只有采用科学的临床试验设计方法，来客观观察和判断药物的临床疗效并反复优化，最终才有可能推向市场。A/B 测试也是医药行业对全社会最具影响力的理论之一。

林德试验就是人类历史上第一个医学临床对照试验的故事。

在 15 世纪末，人类开启了大航海的伟大时代，然而航海中容易出现坏血病，病人发病以后，症状逐渐噩化，会从牙龈出血发展到全身溃烂而死，病情非常严重。

詹姆斯·林德作为英国皇家海军军医的首要任务就是寻找治疗坏血病的方法。1747 年 5 月 20 日，为了确定不同的辅食是否有治疗作用，他设计出 A/B 测试的对照试验方法。

他先是将 12 位生病的海员分成 6 组；接着，让 6 组人分别用不同的辅食配方（见图 1-7）。

第一组：一升苹果酒；

第二组：25 滴硫酸，加入饮用水里；

第三组：6 勺醋；

第四组：240 毫升海水；

第五组：2 个橘子，1 个柠檬；

第六组：一种辣酱加大麦茶。

试验进行到第六天就不得不中断，因为到第六天，橘子和柠檬都吃完了，但船上没带足够多的水果。不过到第六天的时候，吃橘子、柠檬的那一组人，其中一个人已经康复，可以正常工作，另一个人也差不多完全康复了。而其他组中只有喝苹果酒的第一组的两个人略有好转。

图 1-7　林德喂组员不同的辅食

林德的试验没能马上确定橘子和柠檬是治疗坏血病的最佳辅食配方。当时科学还不够发达，得坏血病背后真实的病因（缺乏维生素 C）并没有人知道。但他的试验可能是人类历史上第一次尝试用系统方法检验药物的疗效，并且完整地记录其结果及反馈。后来，直到林德去世之后，后人重新通过试验确认橘子有治疗坏血病的功效，此时，海军才重新注意到林德的发现，坏血病从此被人类战胜。林德因此在去世之后获得了崇高的荣誉。

1.1.3　洁面霜卖点效应：现代广告史就是试验发展史

现代广告从诞生起就埋下了试验的种子——美国著名广告人约翰·卡普斯（John Caples）对广告与试验的关系有一段经典论述：在广告进行科学测试之前不能接受任何经验之谈。卡普斯将他测试广告的实践经验写成了一本经典著作——《测试广告的方法》。

卡普斯在广告业孜孜不倦地工作了 35 年之久，各种各样的试验让他知道哪一种有效，而哪一种只会让广告人员"自我陶醉"。如果只是做出自认为创意十足而无法卖货的广告，浪费的只会是广告主的金钱。

卡普斯在投身于广告业之前是一名工程师，工程师的工作经历使他倾向于对广告进行分析和测试，他在测试的实践中举了一个例子：在同一本刊物上，一个广告创意比另一个广告创意卖出的同一种商品多 19.5 倍。

广告界大师，同时也是奥美公司的创始人——大卫·奥格威也崇尚试验和测试。奥格威本人在做广告之前是在盖洛普调查公司工作。

"一切经过测试"。

广告语字典中最重要的词是"测试"。面向用户测试你的产品、测试你的广告，你在市场上就会事半功倍。通常，25 种新产品中有 24 种在测试市场上通不过。厂家不做市场测试就将产品投向市场，如果失败了，就会蒙受巨额经济（以及名誉）损失。

其实，这种产品原可在测试市场上不被人注意地被否定掉，厂家蒙受的经济损失也可以小一些。测试你的产品承诺；测试你的媒体；测试你的标题和插图；测试你的广告尺寸；测试你的媒体投放频率；测试你的广告开支水平；测试你的电视广告。"永不停止测试，你的广告就会不断得到改进"（见图 1-8）。

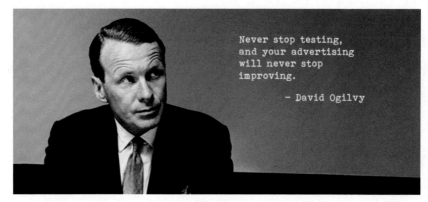

图 1-8　奥格威的经典语句"永不停止测试"

　　奥格威在其著作《一个广告人的自白》中介绍过一种广告试验方法：在同一个日期的同一份报纸的同一个版面上刊登文案不同的广告，在广告中告知可以剪下报纸上的回执，邮寄到指定地址免费领取样品，然后观察两份文案带来的样品索取量的差异，这其实就是今天数字广告中改变单一变量的"A/B 测试"。

　　在广告创作领域，有一个重要的"卖点"概念，它源于罗瑟·里夫斯（Rosser Reeves）提出的独特销售主张（Unique Selling Proposition，USP）理论，该理论要求广告必须向消费者陈述产品的独特的必须能引起销售的特点。对广告创作来说，确定卖点也需要通过调研和试验数据。

　　有一个经典的确定卖点的案例是，奥格威曾为赫莲娜洁面霜列出多个可能的卖点，但广告应该强调哪一个卖点呢？奥格威于是做了一次小规模的投放试验，试验数据显示用户对"洁净力可深入毛孔"这个卖点的认可程度最高，从奥格威的经典案例（见图 1-9）看出，如果不进行试验投放而全凭广告人的设想是很难预知到这一结果的。

洁面霜

洁净力可深入毛孔

防干燥

是最完美的美容品

皮肤科医生推荐

使皮肤变嫩

防止面部化妆品结块

含有雌性荷尔蒙

不含任何杂质

防止皮肤衰老

除皱

a）奥格威为面霜写的广告标题　　　　b）奥格威为洁面霜列的卖点

图 1-9　奥格威的经典案例

今天，互联网与数字技术给广告营销人员带来的礼物之一就是试验门槛大幅降低，试验更廉价，操作更容易，风险也更低。我们已经不需要像奥格威时代那样经过几个星期才能进行一次试验，而是随时随地，用极少的成本、极短的时间、极小的风险、极简单的操作就能完成一次广告测试试验。

就像本章开头说的，我们每天都在进行各种各样的试验，也参与着大大小小的试验。可以这么说，我们的工作、学习与生活就是一个又一个的试验。在进入数字化时代后，试验更是随着移动互联网的普及全面进入到我们线上、线下的生活中。那么试验到底是什么？我们为什么要做试验？怎样做试验才是科学高效的呢？接下来将为您详细介绍。

1.2　数据分析与试验

试验思维和数据思维是双生的，它们互相辅助，形成合力。

在大数据时代，"如果你不能衡量，你就不能改进"这句话是在讲数

11

据的价值，如果我们想挖掘出数据的价值，就需要衡量和改进，其中衡量通常需要分析，改进通常需要试验。

1.2.1 数据不只是数字堆叠

数据的显性和隐性价值一直受到各行各业的普遍关注。早在1980年，著名未来学家阿尔文·托夫勒在《第三次浪潮》中就提出了大数据的概念，数据对于企业的价值早就形成共识。但数据的简单堆叠不能带来价值，企业在对数据价值的开发与利用的道路上一直孜孜以求。但受场景与技术的限制，我们长时间停留在数据收集和获取以及数据报表分析的阶段。在相当长的时间内，"啤酒与尿不湿"的商业智能场景还只是个美丽的目标。

直到最近几年，随着互联网特别是移动互联网的快速发展，随着技术的进步，**数据直接作用于业务的场景被爆发性地释放出来，数据的价值和对数据的利用被所有行业提升到空前的高度，数据驱动增长策略成为各行业、企业的核心竞争力**（见图1-10）。

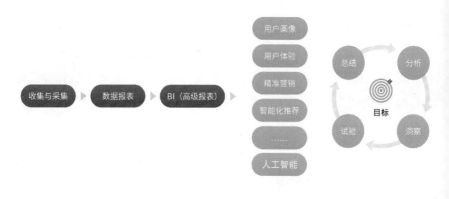

图 1-10 数据利用的进步

1.2.2 后验数据分析的局限：数据的"漂亮"与"丑陋"

目前，数据驱动已经基本成为行业的共识，绝大多数企业都在谋求以业务场景为起始点，以业务决策为终点，构成数据分析的基本循环。但是，经过长期调查后发现，国内仍有许多知名企业在文化思维层面和实践层面都偏向于"后验"的方法，即归纳总结式数据分析。通过在各个业务场景下使用如图 1-11 所示的闭环方法，不断验证和改善，实现业务增长的目的。

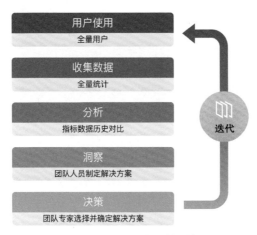

图 1-11　归纳总结式数据分析

这种模式的优势在于严谨、规范的流程。用户量越大，调研越充分，最终的决策风险就会越小；但是其劣势也非常显著：效率低，许多业务优化点被埋没在数据整理的漫长过程中，最终还是依赖个人经验来实现突破性的创新。但"千禧一代"慢慢成为社会及互联网的主力人群，他们有着鲜明的时代特征，如人群属性不断细分、时间碎片化程度越来越重、愿意尝试新的事物、个性化特征明显，以及对用户体验非常敏感。

他们愿意成为某种产品的忠实粉丝，也会因为某些不好的体验和感受毫不犹豫地离开。因此对于任何一个产品和服务，出错或出现不好的用户体验的风险与成本变得巨大，甚至决定着产品和服务的生死。

从原理上讲，对历史数据的分析只能得出有限的相关性结果（如目前大多数用户喜欢的口味是什么），而无法得出预测性的结论（例如，如果提高这种口味的产量，就可以增加销量）。

市场的复杂性在加剧，创新的速度在加快，行业知识急剧增长，过往的历史数据和工作经验，哪怕是 1 个月甚至 1 个星期前的信息，都可能迅速过时。特别是在如今精细化运营的时代，虽然获取数据变得越来越容易，数据量变得越来越多，但是从数据中挖掘出准确的用户需求却越来越难。

通过数据分析找到问题与洞察，通过人的经验来决策的归纳总结式数据分析的有效性正在降低、风险正在加大。在线旅行社（OTA）龙头公司 Booking 的实践总结（见图 1-12）也证明了这一点。

> "企业常常理所当然地假设用户想要什么，并根据这样的假设来设计和迭代产品，实际结果却屡屡被证明是无效或错误的。在市场竞争激烈且用户行为不断变化的新形势下，'专业级的直觉'不再有效。"
>
> 本·贝茨
> *Booking 优化经理*

图 1-12 Booking 公司的实践总结

只有通过科学的方法不断向用户学习，才能不落后于市场上的竞争对手。为了保证试错学习的速度和效率，我们应该尽可能使用 A/B 测试得出确定性的因果关系，在策略实施前就得到预测性结论，而不用冒上线失败的风险。

用一个模糊的分数来衡量，如果说我们过去依赖的行业分析、竞品分析、用户分析等数据分析可以给我们的决策带来 40 分的帮助，那么 A/B

测试对于我们了解真实的用户需求就有 80 分的帮助。

1.2.3　试验：数据驱动业务增长的唯一力量

　　为了解决依靠经验作决策面临的出错风险和巨大成本的困局，A/B 测试这种先验的、预测性的试验方法在互联网明星公司率先应用起来，并伴随 Sean Ellis（肖恩·埃利斯）于 2010 年提出的增长黑客的概念而在硅谷的众多公司中快速流行起来（见图 1-13）。

图 1-13　Sean Ellis 的名言："如果你不运行试验，你大概就不会增长"

　　A/B 测试本质上是分离式组间试验，属于预测性结论，与"后验"的归纳性结论差别巨大。A/B 测试的目的在于通过科学的试验设计、采样样本代表性、流量分割与小流量测试等方式来获得具有代表性的试验结论，并确信该结论可推广到全部流量（见图 1-14）。

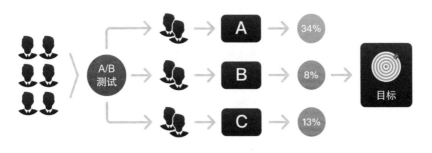

图 1-14　A/B 测试示意图

　　因为 A/B 测试具有小流量、低成本、风险可控的特性，用户基于大量、高频的 A/B 测试数据进行决策，可确保实现业务的确定性增长。进行 A/B 测试成为增长黑客及增长团队最重要的工作，进而一个更有效的数据驱动增长的模型被开发出来，如图 1-15 所示。

　　在如图 1-15 所示的更加高效的数据驱动增长的模型中，"建立假设方案—运行小流量试验—确定有效和优胜方案"的流程成为保证确定性增长的核心，而 A/B 测试是唯一直接导致目标有效性的环节，是驱动增长的直接力量。

图 1-15　先验式数据驱动增长

　　数据分析并不直接促使业务增长，数据分析可以帮助我们建立对用户需求的洞察，建立值得试验的假设，但是不运行试验，我们就不能真正解读分析结果的意义，也无法衡量数据分析的价值。举个例子，如果我们分析湖人队的比赛就会发现，科比得分越高的比赛，湖人队输球的概率就越高。根据这个结果，我们可以提出一个假设："科比是球队'毒瘤'，湖人队让科比少得分，就可以提高赢球的概率"。如果我们不做试验，是没法验证这个假设的。如果我们做了试验，也许会发现这个假设并不成立。对于这个结果的另一种解读是"湖人队比赛越困难，科比越会挺身而出多得分"，这个解读会带来完全不同的假设："引进一个二号得分手，可以提高赢球的概率"。这种假设也许更值得验证，但是在试验验证之前我们无法确定其正确性，也无法准确衡量"引进一个二号得分手，可以提高赢球概率 0.1%、1%，还是 10%"。

数据分析可以带来有价值的试验假设，从而提升试验回报的可能性。不过值得一提的是，数据分析并不是试验项目唯一的驱动力，很多时候试验假设并不来自于数据分析。有些试验是为了应对竞争对手的策略（例如，竞品推出了新功能，我们也要试试看），有些试验是来自于头脑风暴的灵感（例如，给男性用户推荐女性用品会不会有奇效），有些试验是来自于外部咨询专家的建议（例如，某专家建议我们试试去掉官网的导航栏），甚至有些试验是纯粹的随机探索（例如，把某个按钮的颜色调亮一些看看）。做好分析，会提高我们的效率和能力；做不好试验，我们就无法确保完成业务增长。从这个意义上讲，试验是数据驱动业务增长的唯一力量。

1.3 试验的思维

试验思维具有巨大的价值，本节从三个角度来分析。

1.3.1 快速试错的互联网思维

在互联网真正成为现代商业模式的核心之前，传统产品和早期的互联网产品（如微软 Office），还没有快速试错的概念。而随着小米等新势力的崛起，互联网思维作为一种全新的思维方式在中国大地普及开来。互联网思维与传统思维相比，一个重要的新理念就在于快速试错。

传统软件产品一旦生产出厂后就固定不变了，至少一个正式发售的版本是保持稳定不变的。与此不同，互联网产品是持续迭代变化的，从最初的 MVP（最小可行性产品）版本开始，根据用户的线上反馈，快速改进，不断迭代。版本升级充满不确定性。

在互联网发展进程中，一个成功的互联网产品，最初往往只聚焦于满足用户的基本需求；之后根据用户反馈，通过数据发掘更多的需求点；有新功能的新版本上线测试，获得成功的功能会继续投入使用，用户不喜爱的功能可能就被放弃了，这就是互联网思维提倡的快速试错。

如图 1-16 所示，传统软件工程根据一张完整的设计图纸（豪华轿车），依次生产零件（豪华车轮、豪华底盘、豪华车身），然后组装测试，最终交付用户。这种传统的产品思维在试错效率上不如互联网产品，像传统办公软件可能需要 2 年的工程周期，也就是说传统软件的产品经理需要预测 2 年后的用户需求（用户未来一定需要豪华轿车）。

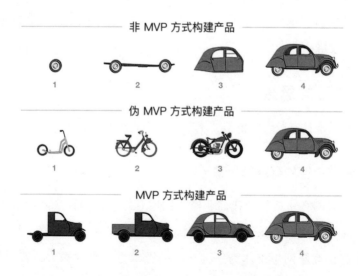

图 1-16　在传统思维下与在互联网思维下做产品的对比

互联网产品可以从 MVP 产品（基本汽车）开始，不断试错，改进产品（基本汽车→增加后备箱→增加车身→改进体验），最终形成完全满足用户需求的成熟产品（豪华轿车）。注意，快速试错是根据用户反馈对现有产品逐步改进，不是每次迭代都大改产品（如先试试滑板车，再试试自行车、摩托车，最后才发现应该造豪华轿车），大改产品的试错成本太高。

传统思维崇尚产品固定、用户多样、精细调研和谨慎决策，而互联网思维则瞄准流量，积极地进行产品迭代，大胆试错，小心求证。这种思维上的区别可能是时代原因造成的，互联网行业更加创新、更加年轻，传统行业历经风雨已经成熟，两者之间的区别如表 1-1 所示。

表 1-1　互联网行业和传统行业的区别

	互联网行业	传统行业
阶段不同	创新创造	稳定发展
文化不同	锐意进取，打破陈规	控制风险，规范流程
态度不同	员工的主人公精神	工作动力主要来自任务及 KPI 压力
架构不同	自下而上，平等开放	自上而下，科层部门
管理不同	管理试验项目的投入产出优先级	管理项目的路径规划

1.3.2　试验驱动创新，创业依赖试验

这是一个注重创新的时代，我们都坚信未来经济的发展依赖于技术、产品和商业模式的创新。对于投身"双创"的时代弄潮儿，试验思维是非常核心的思维。

创新创业项目要实现从 0 到 1，必须经过大量快速的试错，不断根据实际反馈来修正产品形态和改进商业模式。

成功的创新创业在最初阶段通常是有明确目标的，但是并不清楚具体的实现方法。在向目标前进的过程中，经历各种挫折，坚持不懈，调

整方向和方法继续尝试。爱迪生发明灯泡，靠的是成百上千次的试验和失败；莱特兄弟的第一次成功飞行经过了 3 年的试验，之后又经过了 5 年的改进才正式宣布飞机的诞生；许多优秀的创业者做了几个甚至几十个不同的项目，最终成功；新一代移动互联网人试验了数百个不同的 App 才从中发现了用户最喜欢的产品。我们赞美这些勇于改变人类历史的创新者，并不是因为他们拥有什么神奇的魔法，而是因为他们有向着伟大目标前进的百折不挠的试验精神。

图 1-17 是著名的"创业曲线"。创新产品在诞生的初期往往备受关注，但是也同样被市场所怀疑。在真正面市之后，通常会发现产品和市场需求之间并不一定恰好匹配，甚至产品可能无人问津。如何才能让创业真正成功呢？坚持、迭代、改进、试验，直到触达市场契合，才会开始爆发式地成长。创业成功绝不是一夜暴富，而是尊重市场、高效试验、持之以恒的结果。

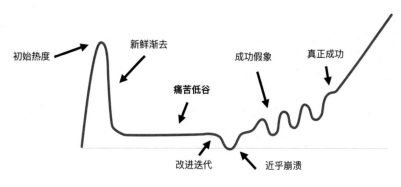

图 1-17　创业曲线

从更广的角度来看，一个企业在早期可以靠创新垄断市场，但是在之后的发展期和成熟期就会遇到越来越激烈的竞争，这会逼迫企业不停地尝试新策略、新产品，以维持市场领先，如图 1-18 所示。**准确地说，在这条竞争的道路上，创新和试验不是策略的辅助，而是策略本身。**

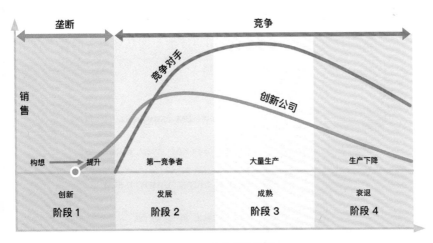

图 1-18　企业发展周期

　　在当今的市场，无论是技术创新、产品创新，还是商业模式创新，都需要经过曲折的反复试验的过程才能打磨成形，产生最终的价值。创业项目，如果想获得最终的成功，就必须高效试错，尽快找到市场契合点。**试验驱动创新，创业依赖于试验，这就是双创世界的法则。**

1.3.3　依赖试验的增长黑客

　　从互联网行业里诞生的增长黑客，是一种新兴的商业运营方式，它通过大量试验实现低成本、高效率的获取用户，可以大幅度提高企业的运营效益。在传统商业运营体系里，产品和服务被认为是固定不变的，而用户是多种多样的，所以大量的工作是针对用户的市场营销，让各类用户认同企业提供的产品和服务，引导用户需求。

　　在增长黑客的运营体系里，大量的用户被看作统一的流量。流量经过一层层的转化最终带来业务营收。这个流量一层层转化的模型通常如图 1-19 所示，看起来如同一个漏斗。流量从漏斗的顶端逐渐流到底部，在每一层都可能流失。在增长黑客的体系里，这个漏斗被称为"流量转化的漏斗模型"。对于增长黑客来说，传统的市场营销只是漏斗最上层的工作（获取用户），我们还需要根据用户反馈对产品和服务的各个环节不断进行优化（活跃、留存、收入、传播）。

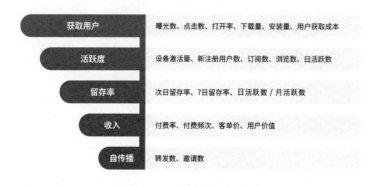

图 1-19　流量转化的漏斗模型

　　流量转化漏斗的顶端是获取用户和促活用户，它包含了传统的用户营销工作，也包含了互联网产品运营的工作，通过大量试验逐步优化用户的初次接触体验（广告着陆页、注册流程、新用户激活等），从而提升流量的活跃（下载安装率、注册转化率、日活跃用户比例等）。这个漏斗的中部是用户留存的运营，也需要通过精细化的试验来提升用户反复使用产品和服务的频率（产品体验改进、老用户促活、个性化推荐、推送唤醒等）。这个漏斗的底部是用户的收入转化和自传播转化，也是互联网产品精细化运营的重要环节，需要大量试验来提升用户下单、付费、点击广告、转发、点赞的转化率。

　　具体的增长黑客的工作流程可以用如图 1-20 所示的增长之轮来分解：从各个方面（包括正在进行中的试验）收集信息对用户需求和项目进展进行研究调查；对收集到的信息进行数据分析；通过数据解读用户的行为；根据分析结果提出假设；根据假设确立可尝试的试验并进行优先级排序；再设计和运行试验将想法付诸实施；试验得到的数据和其他数据会一起

形成新的用户洞察，找到增长机会。这样的流程循环往复，可以推动流
量转化的不断提高。

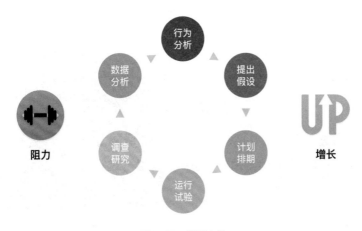

图 1-20 增长之轮

增长黑客打破了传统互联网产品营销和运营方式的思维局限："我们
行业就这么多用户，我已经抓到了所有能抓到的用户，还能怎么增长？"
事实上，流量的入口仅仅是业务增长的开始，在用户的活跃、留存、收
入、传播中都有增长的机会。漏斗中每一个环节的转化都可以用数据衡
量，这些数据都源自于用户的需求和体验，而提升转化率的方法就在于
积极的试验。

1.4 试验驱动业务增长

试验思维之所以能被广泛应用并获得发展，是因为它恰好符合市场
经济规律：试验可以驱动业务增长，可以帮助优化决策，为企业带来更
多的业务、收入和利润。

1.4.1 试验让低成本探索成为可能

试验思想在广泛的领域里被应用着，从医药方面的新药研发对照试

验（见图 1-21），到农业上选育良种的试验种植（见图 1-22）及科学研究
的各类试验室，到国家政策的特区、试验区等，试验不断推动着人类的
创新与进步。

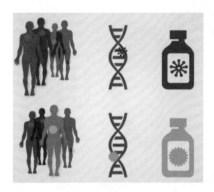 

图 1-21　新药研发　　　　　　　　　图 1-22　选育良种

随着近年来互联网应用的普及，通过在互联网上运行大量试验（见
图 1-23），试验的经济效率得到了几何级数的提升。业务人员不必猜哪个
方案表现得更好，试验（特别是 A/B 测试）成为驱动业务增长的有效工
作方法，实现了低成本的探索和持续的优化。

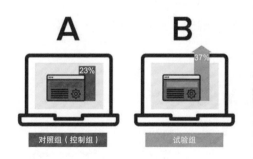

图 1-23　互联网试验

具有互联网思维的企业在业务中关注整个用户生命周期，而不仅仅
是获取用户；用试验的方式，科学决策；用试验驱动的方法，不断实现
增长。

一个低成本的、试验驱动的"试验闭环"（见图1-24）正在被不断实践：

- 分析：分析业务数据、用户使用数据及行业经验；
- 洞察：分析以往试验所提出的问题及假设的解决方案；
- 试验：对假设的解决方案进行小流量的试验和验证；
- 总结：总结试验数据与结论，迭代产品和运营，进入下一轮试验闭环。

图 1-24　试验闭环

1.4.2　试验驱动增长无处不在

使业务增长好像在解一个优化方程式，这个方程式的变量复杂，解的空间太大；同时影响用户行为的环境复杂多变，方程的限制条件随时在变化。解这样一个方程式没有捷径算法可寻，只能依靠不断的探索求证，发挥业务人员的专业能力，尽快找到更优的解。如何找到对用户最大的价值在哪里？怎样可以在用户获取、用户激活、用户留存、收入和传播等每一个环节实现转化率的最大化？试验，特别是A/B测试，成为增长的核心动力。

尤其对于已经完成**产品与市场匹配阶段（P/MF）**的公司，A/B测试试验可以应用在市场营销、互联网运营和产品迭代等方方面面（见图

1-25），如付费广告、应用商店、着陆页、引导页、新用户注册、产品交互设计（UI）、功能、流程、推荐算法、排序算法、邮件、移动推送和应用内信息等。

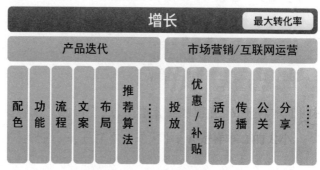

图 1-25　A/B 测试可应用于各个环节

1.4.3　试验的频率决定发展的速度

互联网（以及其他行业的）试验就如同物理、化学等科研试验一样，不是每个试验都能获得好的业务效果（见图 1-26），甚至经验会告诉我们，我们对用户需求的理解是很不足的，大量的试验都和我们的预期不一样。

> "*60%~90% 的想法都没能改善他们想要改善的指标。*"
>
> 罗尼·科哈维
> *前亚马逊数据分析与个性化团队负责人*
> *必应搜索引擎的优化负责人*

图 1-26　试验结果也许与预期不同

有团队负责人说，在做 A/B 测试之前，产品经理和运营高手都是自信满满，但是做了一些 A/B 测试之后开始逐渐谦卑，不再贸然说自己的想法好。其实盲目自信和盲目消极都不能带来成功。正确的方法是"大量试验"和"高频试验",量化我们的经验,增加试错的速度,从中找到那些成功的试验方案,尤其是意料之外的成功的试验。这些意外成功都是我们继续加大探索步伐并最终走向爆款的关键。试验的数量与频率决定了发展的速度。

Twitter 最初没有能力系统地做试验,每个月就做 2 个试验,增长速度慢;后来有了系统性的试验能力,可以每个月做 40 个试验了,增长速度就翻了倍(见图 1-27)。

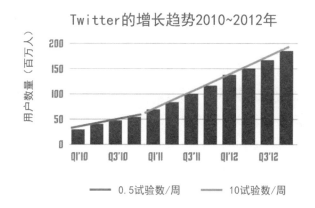

图 1-27　Twitter 的用户增长随试验次数变化的趋势

谷歌自上市后到 2007 年建设了完善的 A/B 测试试验系统,之后试验越来越高频,近几年更是每年运行着超过万次的试验。谷歌从中找到可以带来营收增长的策略,帮助它们每月实现超过 10 亿美元的年营收增长。

增长黑客的创始人 Sean Ellis 的增长黑客网站(growthhackers.com)当然也是通过高频试验取得飞速发展的(见图 1-28)。

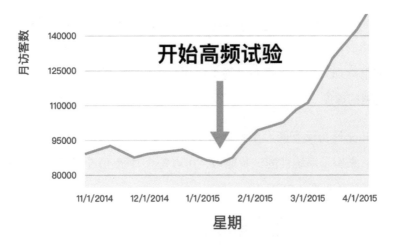

图 1-28　增长黑客网的高频试验与用户增长

　　要想实现大量试验、高频试验，除了要使用完善高效的试验工具以外，还需要文化制度的配套建设。不能只是一个或者几个业务人员单枪匹马地做试验。随着第三方专业 A/B 测试工具（如 Optimizely、ABTasty、AppAdhoc 等）越来越成熟，做试验的工具不再是难点，难点在于好的试验想法。要想有大量的试验想法，就需要团队成员尽可能多地参与创新。在前文中特别提到的增长黑客方法，核心就是一套如何高效组织和执行试验的方法。

1.4.4　新时代，试验文化正当时

　　自 2016 年以后，智能手机市场基本饱和、增长放缓，原先的增量流量红利不再有；同业竞争快速同质化，试错的直接成本与时机成本越来越高，希望抓住一个用户需求点做出爆款越来越难，市场环境要求我们要在细微处获得市场领先。A/B 测试保证了业务的各个决策都能获得确定性增长，这种试验方法便成为当今企业使用的有效、可靠的发展方法（见图 1-29）。

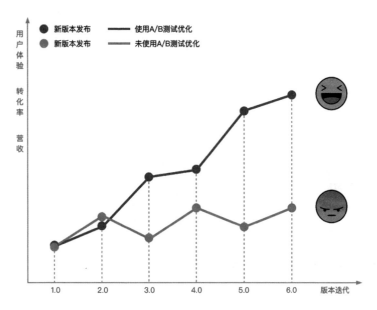

图 1-29 A/R 测试成为有效、可靠的发展方法

　　试验文化鼓励创新，让每个人都有更多的机会，可以将自己的想法付诸行动。假如你想做一个产品功能，你有自主的理由，但是其他人可能会发现你想法的不足，在团队里一定会有异议，如果没有 A/B 测试，这样的创新项目很难落地。有了 A/B 测试，你就可以申请做一个 1% 流量的试验，机会就大多了。有机会行动，就有机会创造价值。任何为业务增长做的一点贡献都可以被 A/B 测试准确衡量，这就可以鼓励人再做更多的试验来继续前进。

　　试验文化还可以缓解领导的压力，领导不需要背负所有决策的重担，可以允许大家积极尝试，让试验数据来帮助做最终的决策。领导不轻易凭经验做决定，反而给大家更多发挥自我价值的空间。

　　让团队从小的试验项目做起，看到自己的工作价值，减少凡事直接请示领导的情形发生，而改为拿着试验数据去找领导。领导不只是考核团队的 KPI，还要看 KPI 的增长情况，更要看试验数量、试验频率的情况。这样才能更好地让大家朝着正确的方向努力。

具有试验文化的企业都是各行业的优秀企业，它们都从大量的 A/B 测试试验中找到了很好的增长机会（见图 1-30）。

amazon

我们的成功来自于我们每天、每周、每月、每年所做的试验数量。

– 杰夫·贝佐斯

Our success is a function of how many experiments we do per year, per month, per week, per day.

- Jeff Bezos

我们的企业文化鼓励创新想法的自由交流和大胆试验。

– 拉里·佩奇

Our company culture encourages experimentation and free flow of ideas.

- Larry Page

Google

facebook

我特别骄傲的一件事，我们成功的关键，就是我们构建的试验框架。

– 马克·扎克伯格

One of the things I'm most proud of, and I thinks what is the key to our success, is this testing framework we've built.

- Mark Zuckerberg

与其说"我有个想法"，不如说"我有一个新的假设，让我们试验一下"。

– 萨提亚·纳德拉

Instead of saying 'I have an idea', what if you said 'I have a new hypothesis, let's go test it.

- Satya Nadella

Microsoft

图 1-30　优秀企业有试验文化

第 2 章 A/B 测试是成功的试验方法

2.1 互联网时代的 A/B 测试

我们在前文讨论了驱动创新的试验精神和试验思维，特别是试验实践在互联网行业获得了巨大的成功，带来了巨大的商业价值。

在绝大多数传统商业模式里，产品的生产者和用户之间有层层隔阂。业务上的试验只能更多聚焦在市场营销和销售渠道，而针对产品策略的试错往往要经过深思熟虑，节奏缓慢。

互联网行业几乎完全消除了产品与用户之间的隔阂，极大地方便了互联网企业针对最终用户做大量深度的试验。这是试验驱动创新在互联网行业大获成功的关键因素。

通过多年的探索，我们已经找到了成功的试验落地形式。

如前文所述，MVP（最小可行性产品）是互联网创业项目最常见的试验方法。在商业模式还没有被完全验证的早期阶段，用最少的投入做出最小可用的产品，然后投放市场获得用户反馈。这种试验可能会得到很多负面反馈，比如产品 Bug 多、功能缺少、体验差。但是 MVP 试验能帮助我们用最快的效率验证市场需求，发掘商业机会，实现从 0 到 1。

A/B 测试是适合于成长期和成熟期的产品的试验方法。互联网业务场景实施 A/B 测试的效率很高，价值很大，可以实现控制风险、高频试错、快速迭代、爆发增长。在业务实践中，A/B 测试结论精确，不容易出错，可执行性很强。对于已经获得投资的企业来说，A/B 测试是必须采用的试验方法。本书后续章节的重点都会围绕 A/B 测试展开。

针对大型项目定制化试验方法是行业专家的核心竞争力。有很多实际项目由于受条件限制不适宜进行 A/B 测试，但是又非常需要小成本试错的能力，比如交通规划、大型投资、建筑设计、工厂改造等。

下面我们介绍互联网以及"+ 互联网"的行业巨头们是如何开展 A/B 测试来成功实践"试验驱动创新"的。

2.1.1　谷歌引领的 A/B 测试潮流

2000 年谷歌的工程师第一次将 A/B 测试用于互联网业务的试验：搜索结果首页应该展示多少条搜索结果更合适？虽然这次 A/B 测试因为搜索结果加载速度和试验数据不准确而导致失败了，但是它开启了谷歌持之以恒的 A/B 测试之路。从那以后，A/B 测试被广泛应用于互联网公司的优化迭代，每年数万个试验被谷歌、亚马逊、eBay、百度、阿里巴巴等主流互联网公司应用于线上 UI 内容优化、算法优化、收益优化等方方面面。

事实上，谷歌的各条产品线每个月都有成百上千个不同的试验版本在运行。搜索广告产品的每一次新改动都要经过严格的在线 A/B 测试来验证效果，在保护用户的搜索体验的同时，提高谷歌的营业收入。A/B 测试的试验数据决定了大量的改动最终都不能上线（大量试验都会得到营收负增长的试验结果），这种科学的产品运营方式可以大幅度加速创新，改善用户体验，对互联网企业事半功倍。最终通过试验验证而上线的改动确保了谷歌的营收规模每月可以增长约 2%。日积月累，谷歌仅仅通过数据化驱动的方式就能保证年化增长达到 20%。

随着 A/B 测试试验系统的推出和不断改进，谷歌几乎所有的产品，包括新上线的产品，每一次更新都需要首先通过 A/B 测试验证。图 2-1

是谷歌从 2007 年建设好 A/B 测试平台之后的试验数量增长情况图，可见谷歌对于 A/B 测试的重视。

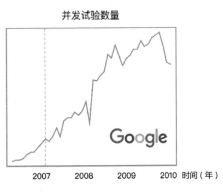

并发试验数量

图 2-1　谷歌并发试验数量的增长

2.1.2　微软、亚马逊、脸书的经验

1. 微软

微软和亚马逊这样的"＋互联网"巨头，还有脸书这样的互联网巨头，都是在业务发展到成熟阶段后开始大量进行 A/B 测试的。

在这些有成熟组织架构的大公司里，一线产品经理和工程师在设计和开发产品时，会更多地通过微创新的形式来逐步优化产品。需要强调的是，对用户行为的深度理解，很难仅仅依靠决策者的个人洞察力。有些经验只有通过科学的 A/B 测试的试验数据才能获得。

微软必应的产品优化是个很好的案例。图 2-2b 与图 2-2a 相比，只将搜索结果内容的颜色做了一些小调整 [只需要改 CSS（层叠样式表）里的几行代码]，肉眼几乎看不出区别，但是用户点击率大幅度提高，年化广告收益增加了 1 000 多万美元。

a)　　　　　　　　　　　　　　　　　　　　b)

图 2-2　微软必应（bing）的配色优化

2. 亚马逊

小到颜色调整，大到产品逻辑，都可以通过 A/B 测试来驱动产品的创新优化。

用亚马逊在自己的电商网站上推广信用卡广告作为例子，如图 2-3 所示，这条广告最初放在购物页面里，几乎无人问津，浪费了宝贵的广告位资源。当业务经理尝试把这条广告放在结算页面时，用户就会发现这张信用卡的好处。A/B 测试的试验数据显示将广告改为放在结算页后，带来了年化上亿美元的营收增长，业务经理以试验结果证明了自己想法的价值。

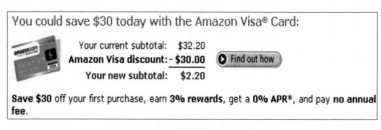

图 2-3　亚马逊的信用卡推广试验

事实上，没有哪家公司比亚马逊更了解 A/B 测试的重要性。尽管亚马逊已成为行业巨头，但是亚马逊并没有陷入大公司的官僚主义。亚马逊的首席执行官杰夫·贝佐斯（Jeff Bezos）在给股东的信中曾这样说："我认为我们特别擅长试错。我相信我们有世界上最好的试验创新环境（我们有很多试验），失败和创新是不可分割的双胞胎。创新必须要尝试，如果你事先知道它会起作用，那就不是一个试验。大多数大型组织都能接受创新发明的想法，但不愿意承受其所带来的失败后果。"

此外他还谈到了两种决策：不可逆转的决策（Ⅰ型决策）和可逆转的决策（Ⅱ型决策）。他对于两种决策的描述如下所示：

- Ⅰ型决策："一些决定的后果是不可逆转的或几乎不可逆转的单向门。这些决定必须经过仔细审慎和协商才能有条不紊、谨慎、缓慢地做出。如果你做了决策，不喜欢决策带来的改变，你也不能回到以前。"

- Ⅱ型决策："大多数决策是可变的、可逆的，它们是双向的。如果你做出了一个次优的Ⅱ型决策，那么你不必忍受很长时间的后果。你可以重新决策，然后回滚。Ⅱ型决策可以并且应该由判断力强的个人或小组迅速做出。"

随着公司的发展，为Ⅰ型决策制定的流程被广泛应用于包括Ⅱ型决策在内的各种选择。用贝佐斯的话来说，无论做什么都像针对Ⅰ型决策这般谨慎，是一种低效和不合时宜的风险厌恶，这导致了发明创新的减少。但如果不加选择地应用Ⅱ型决策，他认为大多数公司在它们长大之前就倒下了。

A/B 测试是使组织专注于使用Ⅱ型决策，做出大多数选择的理想方法。他说："从传统意义上来说，A/B 测试是关于至少两个版本的产品：A版本，通常是原始或控制版本，还有 B 版本，你认为可能会是更好的版本"。因此，当 A/B 测试应用于Ⅱ型决策时，贝佐斯建议通过简单地关闭

B 版本并返回到 A 版本，轻松实现回滚。"如果在测试方向或体验方面遇到很大的麻烦，无法在不影响测试的情况下回滚测试，你可能正在处理 I 型决策。"

亚马逊称自己为"A/B 测试公司"，A/B 测试的一个最大好处是可以延迟决策，当创新的想法被实现后，可以根据真实试验对比数据，衡量该创新的想法是否有效。

3. 脸书

脸书是互联网时代成长起来的巨头。脸书在移动 App 的产品质量部分和市场占有率部分都遥遥领先，脸书作为单一产品更加依赖其强大的 A/B 测试试验平台。

脸书 App 在每次上线新版本的时候都会将未来 6 个月甚至更长时间内想要测试的新功能都（隐藏地）集成进代码。脸书将这些大胆创新的功能逐个通过 A/B 测试试验的方式检验验证，如果某个功能有问题，或者用户反馈不好，在未来的代码迭代中就会被修改或放弃；只有效果好的改动才会被推广给全球用户，并且在未来的代码迭代中被保留下来。

在大量进行小流量 A/B 测试的过程中，绝大多数的脸书用户（没有被选中试验那些"效果不好的测试功能"的用户）的体验是：脸书从来没有 Bug！一个拥有数十亿用户的、不断更新迭代的产品，从来没有差的体验，体验只会越来越好，这就是脸书的创新奥秘。

2.1.3 新生代 Airbnb 的融会贯通

随着 A/B 测试在互联网行业的成熟，新生代创新企业从创业第一天起就开始使用 A/B 测试实施自己的创新试验。Airbnb（爱彼迎）作为一家互联网时代的全球民宿预订平台，坚定地认为所有的产品改进都需要通过 A/B 测试来实施，这样才能够直接判断产品改动的商业价值（不仅仅是 Airbnb 这样的美国创新者，中国的今日头条、滴滴等前沿科技企业也是如此）。

如图 2-4 所示，Airbnb 的业务指标在三个月左右的时间内不断上涨，其中一个月（红色曲线部分）Airbnb 尝试上线了一个产品改动，并最终下线。从这三个月的业务数据来看，我们很难判断这个产品改动是否影响了业务指标，更无法准确衡量这个产品改动具体对业务指标的贡献有多大。如果这个产品改动对业务指标的影响是 −5%，那么 Airbnb 就白白损失了一个月的业绩；如果这个产品改动对业务指标没有什么影响，那么这个产品改动可能就浪费了研发资源；如果这个产品改动对业务指标的影响是 10%，那么负责这个项目的团队没有得到应得的嘉奖，最终可能会造成人才的流失。

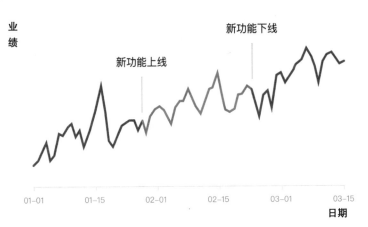

图 2-4　只看业务指标的趋势无法判断产品改动的价值

通常外界的影响因素比产品本身的变化对业务指标的影响更大。用户在工作日和周末及不同季节和不同天气，因为网页广告或主动搜索触达的产品都可能会表现出截然不同的行为模式。A/B 测试的方法能够帮助

我们控制这些额外的因素，从而精确测量产品改动的价值。图 2-5 展示了
Airbnb 采用 A/B 测试并最终拒绝的某个产品功能。Airbnb 曾希望通过这
个功能让用户在搜索结果中筛选产品的价位信息，但测试结果发现用户
使用这种筛选方式的频率反而不如原有的筛选器。

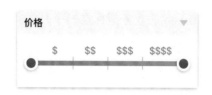

图 2-5　Airbnb 测试并最终拒绝的某个产品功能

1. Airbnb 的 A/B 测试试验设计

Airbnb 所提供的服务有一定的特异性：首先，用户不需要登录就可
以获取服务，因此很难将用户和行为捆绑在一起；其次，用户在预订房
间的过程中可能会更换设备（电脑和手机）；再次，预订的过程可能会长
达数天，因此需要等待时间以确定用户完成或放弃预订流程；最后，预
订是否成功还取决于空房的数量以及其主人的响应与否，而这些因素是
Airbnb 所不能掌控的。综合考虑这些因素后，Airbnb 设计了适合自己的
场景的 A/B 测试流程和方法。

A/B 测试中通常以点击率或转化率作为评价的指标。对于 Airbnb 而
言，预订的流程同样很复杂：首先，旅客需要通过搜索获得房间的信息，
然后联系相关的房主；接下来，房主将决定是否接受旅客的需求；房主
接受后，旅客才能真正预约到房间。除此之外，还有其他的路径能够进
行预约，比如旅客可以不需要联系房主就能预约某些房间，或者提交预
约需求后直接到达最后一步。预约流程中的四个步骤如图 2-6 所示。尽管
在测试过程中需要考虑 4 个阶段间的转化，但 Airbnb 将从搜索到最后预
订的整体转化率作为试验的主要指标。

指标	Δ	P
搜索到预订的转化	-0.31%	0.37
搜索到留下联系方式的转化	-1.29%	0.04
留下联系方式到预订的转化	0.99%	0.06
留下联系方式到确认行程的转化	1.58%	0.00
确认行程到预订的转化	-0.58	0.11

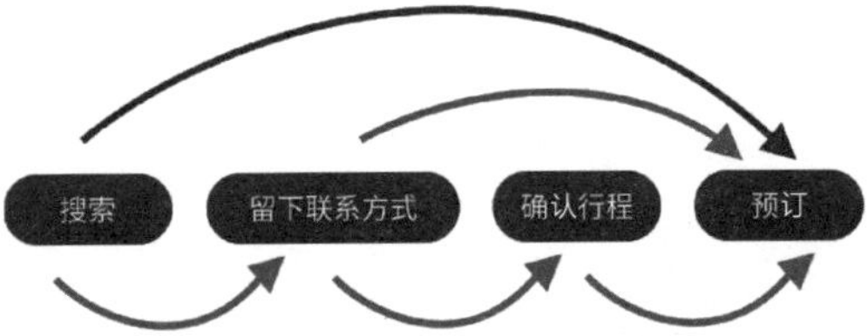

图 2-6　按照预约步骤分别计算得到转化率结果

2. 对测试结果进行情景化的解释

A/B 测试中需要避免的一个问题是习惯性地将测试结果当作一个整体来看待。一般而言，从某个固定的测量维度来评估测试的结果是没有错的，这样做通常可以避免在多个维度中挑选最符合"需要"的数据，而故意忽视不符合假设的结果。但同样，只单纯考虑一个维度也意味着脱离了情景来看试验数据，而有时候这些不同的情景可能会完全改变你对 A/B 测试结果的解释。

举例来说，2013 年 Airbnb 对搜索页进行了改版设计。对于 Airbnb 而言，搜索页是业务流程中最基础和重要的页面。因此，能否准确地确定改版的效果是非常关键的。在图 2-7 中可以看到搜索页改版前后的变化：新版更多强调了房源的图片（Airbnb 为房主提供专业的摄影师以获得这些图片）及标记了房源所在位置的地图。

Airbnb 为改版项目投入了许多资源，设计人员预测新版肯定会表现得更好，定性研究也表明确实如此。尽管不直接向全部用户发布新版可能意味着大量的利益损失，但 Airbnb 还是延续其"试验文化"，推进了针对搜索页的 A/B 测试以评估改版的真正效果。

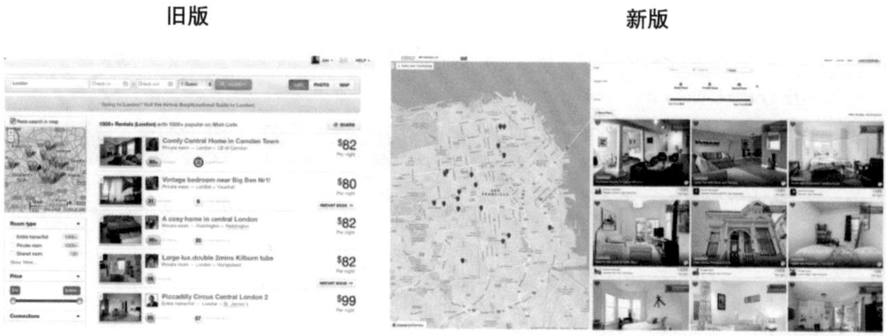

旧版　　　　　　　　　　　　　　　　新版

图 2-7　新 / 旧版本的 Airbnb 搜索页

　　在等待了足够长的时间后，A/B 测试的结果反馈出新版并没有带来更多的预约。这当然是令人难以接受的，所以 Airbnb 的业务分析员决定从情景出发，将数据细分到不同的情景中来判断究竟为什么改版没有达到预期的效果。事实证明，问题出在 Internet Explorer（IE）上了：如图 2-8 所示，除了来自 IE 的访问以外，新版在其他主流浏览器上的表现都是优于旧版的。这个分析帮助 Airbnb 发现了真正的问题：产品改进很有价值，但是代码实现存在 Bug。在修复相关的问题后，源自 IE 的数据也有了超出 2% 的增长。

浏览器	Δ	P
所有	-0.27%	0.29
Chrome	2.07%	0.01
Firefox	2.61%	0.00
IE	-3.66%	0.00
Safari	-0.86%	0.26
Rest	-0.74%	0.33

图 2-8　新版设计的 A/B 测试结果分析

　　这个案例除了告诉我们在做 QA 的时候要尤其注意 IE 以外，也强调了从多个维度对测试结果进行解释的价值。你可以根据浏览器、国家 / 地区、用户类型等多个维度分解数据来源进行分析。但需要注意的是，不要为了找到"有利"的结果而刻意去分解数据。

A/B 测试是产品研发过程中强有力的决策工具，能够帮助大家更有效地进行产品优化迭代。从不同的情景中去理解测试的结果是非常重要的。你应该尝试将数据分解到不同的维度，然后去理解不同维度下产品的效果。但是需要注意的是，A/B 测试的目的在于优化产品决策，而不是为了单纯提高某个优化指标。优化单个指标通常会导致为了获得一定短期利益的机会主义决策（比如强行逼迫用户去点击他们不想点的东西）。

最后，验证你所使用的测试系统是否如你所期望的一样工作。如果 A/B 测试反馈的结果有问题或者是过于理想，你都应该仔细核验它。

2.1.4　A/B 测试是优秀企业的标配

从某种角度来说，企业实力和其实施 A/B 测试的能力紧密相关。如图 2-9 所示，行业龙头因为聚拢了大量创新人才，在 A/B 测试方面走在前列。

图 2-9　公司实力与 A/B 测试试验频率的关系

- Google 每年运行超过 1 万次的 A/B 测试；
- 脸书的 CEO 亲自参与众多 A/B 测试的实施；
- 领英（Linkedin）将 A/B 测试作为产品研发上线过程中的基本流程；
- Booking.com 通过大量试验实现超过同行业 2~3 倍的转化率；
- 携程、今日头条将试验流程和 A/B 测试作为企业的文化或制度；
- 摩拜单车、WeWork、衣二三等明星共享经济平台，通过 A/B 测试快速拉开了与竞争对手的距离。

不仅是互联网明星公司，A/B 测试开始在各个行业快速普及，并逐渐成为标配，如图 2-10 所示。

图 2-10　成功使用 A/B 测试的明星企业代表

2.2　深入解析 A/B 测试

2.2.1　A/B 测试的定义

前面的章节中介绍的几种场景有助于帮助我们直观理解 A/B 测试。在医学的临床试验中，为了验证新药的效果，把病人随机分成若干组，分别施予不同剂量的新药、已知有疗效的药物、安慰剂等不同的治疗措施，并通过数据分析判定不同组的治疗效果，从而确定新药是否有疗效以及和已知药物的疗效的对比情况。在达芙妮岛的雀鸟进化研究中，随着环境的变化，雀鸟们会发生随机的基因变异，进而导致它们的鸟喙发生大小和形状的变化，严酷的自然选择会把适应环境变化的基因保留下来。

下面我们来系统地定义 A/B 测试。在互联网产品迭代实践中的 A/B 测试是指：为了验证一个新的产品交互设计、产品功能或者策略、算法的效果，在同一时间段，给多组用户（一般叫作对照组和试验组，用户分组方法统计上随机，使多组用户在统计角度无差别）分别展示优化前（对照组）和优化后（试验组，可以有多组）的产品交互设计、产品功能或者策略、算法，并通过数据分析，判断优化前后的产品交互设计、产品功能或者策略、算法在一个或者多个评估指标上是否符合预期的一种试验方法。

2.2.2　A/B 测试的特性

1. 预测性

A/B 测试是一种预测手段，而且是一种科学、精准、具有统计学意义的预测手段。

在产品、策略迭代过程中，我们往往无法预测产品、策略全量上线的效果如何，或是担心因此带来预料之外的损失。A/B 测试恰好提供了通过小流量试验预测全量上线效果的能力，这种预测并不是"裸奔"性质的臆测，而是有科学的统计数据作为支撑的科学预测，也只有这样的预测才能从真正意义上降低产品、策略迭代过程中的风险。同时，A/B 测试的统计数据也为产品迭代过程提供了很好的量化指标，可以帮助决策者准确衡量产品技术团队的产出成绩，在团队、人员的激励上提供科学依据。

2. 并行性

A/B 测试的并行性是指两个或者多个版本同时在线，分别提供给多组用户群体使用。并行性是 A/B 测试的本质特征之一，也是 A/B 测试的基本条件之一。如何理解并行性的重要性呢？我们不妨假设，用没有并行性的试验方法去判断 2 个版本的效果差异，会产生什么问题：

这种试验方法通常是让全量用户在不同时间段体验不同版本的产品或者策略。由于不同时间段的试验环境是不一样的（如外卖、打车订单量会受节假日、天气等因素的剧烈影响），无法把环境变化导致的指标变化和产品迭代导致的指标变化区分开。

因此，忽视并行性也就失去了 A/B 测试的根本意义，两组没有统一维度的试验数据也就失去了提供决策参考的基本价值。这点我们在后文中还会用一个例子进行说明。

另外，并行性也代表了 A/B 测试的效率特征——多种方案的并行试验、同时对比。这大大提升了试验结果的反馈效率，也从根本上提升了产品迭代与决策的效率。

3. 科学性

A/B 测试是一种科学试验。这个科学性体现在试验设计的方方面面。下面重点阐述两个方面：

（1）A/B 测试的采样方法是科学采样方法，而非普通的随机采样方法。相比于普通的随机采样，科学采样可以保证各版本流量具有一致的用户统计特征，避免试验版本全量上线以后的表现和 A/B 测试期间的表现不一致。

（2）A/B 测试评价结果的计算过程具有科学性。A/B 测试在评价结果的计算过程中，使用统计学里的假设检验原理进行科学的计算，能够给出结果的置信度和置信区间、试验的 p 值、试验的统计功效等科学指标，根据这些指标可以定量判断试验是否有效。对于无效的试验也可以给出进一步的试验建议。

2.2.3 A/B 测试的试验类型

1. 正交试验

如图 2-11 所示有 2 层试验，第一层是 P 试验，第二层是 Q 试验。在 P 试验中，用户被分成 2 组：Pa 组及 Pb 组。在 Q 试验中，用户也被分成 2 组：Qa 组及 Qb 组。

	Pa(50%)	Pb(50%)
Qa(50%)	25%	25%
Qb(50%)	25%	25%

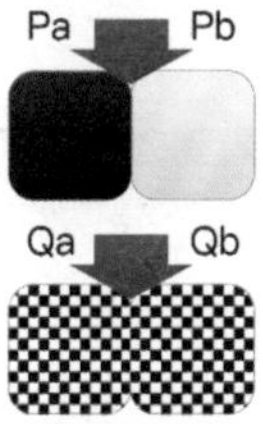

图 2-11　正交的分层试验

所谓的正交试验（也叫分层试验），就是指 Pa 组用户在 Q 试验中被均匀分入 Qa 组和 Qb 组，而 Pb 组用户，同样在 Q 试验中被均匀分入 Qa 组和 Qb 组。

这样做的结果是，在 Pa 试验组且在 Qa 试验组的用户比例是 25%，在 Pa 试验组且在 Qb 试验组的用户比例是 25%。

正交试验是使用最广泛的多层试验关系。它可以使多层试验的每一层都使用同样多的流量去做试验，并且使各层试验之间的结果不会互相干扰。注意，“各层试验之间的结果不会互相干扰”这个结论是有前提的：各层试验的参数之间，对优化指标没有互相增强或者抵消的效果。举例来说，假设 Pa 提升了 10% 的效果，Qa 提升了 10% 的效果，Pa+Pb

叠加,提升的效果是 20%,而不是 25%(增强)或者 15%(抵消)。多数多层的试验,都是以这个假设为基础的。

2. 互斥试验

如图 2-12 所示,P 试验使用的流量,Q 试验不能使用,而 Q 试验用的流量,P 试验也不能使用,这种情况叫作互斥试验。这个试验的好处是不用担心正交试验里面,"各层试验之间的结果不会互相干扰"的前提不成立,而可以独立做试验。坏处在于,一旦把各层试验做成互斥的,就会使每层试验可用的流量减少,可能会使每层试验所需的时间增加、迭代效率变低。

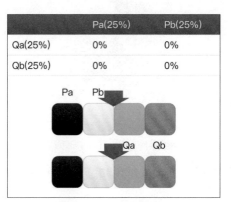

图 2-12　互斥的同层试验

2.2.4 "伪" A/B 测试

要深入理解什么是 A/B 测试,我们先看看什么不是 A/B 测试。

随着数据驱动决策的思想在互联网及传统企业中的普及,很多人开始重视 A/B 测试。然而,有些人只是根据字面意义理解 A/B 测试,而没有对 A/B 测试的根本原理进行深入的思考,因此对 A/B 测试存在各种错误的理解。以下列举一些常见的误区,其中重点讲述用户分流的误区。

1. 用户分流不科学

一种典型的"伪 A/B 测试"是在不同的应用市场发布不同版本的 App，或者在不同渠道发布不同版本的页面，并进行用户数据对比。实际上，A/B 测试强调对照组和试验组这 2 个版本的用户分布必须是一致的。不同的应用市场、不同的渠道，其用户的分布会有很明显的区别，因此通过这种方式做出来的试验数据，不具有可信性。正确的做法是，要么在不同的应用市场发布相同版本的 App，要么在相同的应用市场（或者同时在多个应用市场）发布不同版本的 App，保证在同一个时间点，发生变化的只有一个变量。

为什么不止一个变量发生变化的对比测试是伪 A/B 测试呢？这就要谈到辛普森悖论了。

辛普森悖论（Simpson's Paradox）是英国统计学家 E.H. 辛普森（E.H.Simpson）于 1951 年提出的悖论，即"在某个条件下的两组数据，分别讨论时都会满足某种性质，可是一旦合并考虑，却可能导致相反的结论"。

举一个关于辛普森悖论的简单例子。一个大学有商学院和法学院两个学院，这两个学院的女生都抱怨"男生录取率比女生录取率高"，有性别歧视。但是学校做总录取率统计后发现，总体来说女生录取率远远高于男生录取率（见表 2-1）！

商学院男生的录取率是 75%，高于商学院女生录取率（49%），法学院男生的录取率是 10%，也高于法学院女生的录取率（5%），但是总体来说男生录取率只有 21%，只占女生录取率 42% 的一半。

表 2-1　学校录取率的辛普森悖论

学院	女生申请	女生录取	女生录取率	男生申请	男生录取	男生录取率	合计申请	合计录取	合计录取率
商学院	100	49	49%	20	15	75%	120	64	53.3%
法学院	20	1	5%	100	10	10%	120	11	9.2%
总计	120	50	42%	120	25	21%	240	75	31.3%

　　为什么两个学院都是男生录取率高于女生录取率，但是总人数加起来后男生录取率却不如女生录取率呢？主要是因为这两个学院男女比例很不一样，具体的统计学原理我们在后面的章节中会详细介绍。

　　这个诡异（反直觉）的现象在现实生活中经常被忽略，毕竟这只是一个统计学现象，一般情况下都不会影响我们的行动。**但是对于使用科学的 A/B 测试进行试验的企业决策者来说，如果不了解辛普森悖论，就可能会错误地设计试验，盲目地解读试验结论，对决策产生不利影响。**

　　我们用一个真实的医学 A/B 测试案例来说明这个问题。表 2-2 展示了一个肾结石手术疗法的 A/B 测试结果。

表 2-2　肾结石手术疗法的 A/B 测试结果

	A 疗法	B 疗法
小型结石病例	组 1　93%（81/87）	组 2　87%（234/270）
大型结石病例	组 3　73%（192/263）	组 4　69%（55/80）
总计	78%（273/350）	83%（289/350）

　　看上去无论是对于大型结石还是小型结石，A 疗法都比 B 疗法的疗效好。但是总计而言，似乎 B 疗法比 A 疗法要好。

　　这个 A/B 测试的结论是有巨大问题的，无论是从细分结果看，还是从总计结果看，都无法真正判断哪个疗法好。

　　那么，问题出在哪里呢？因为参与这个 A/B 测试的两个试验组的病历选取有问题，都不具有足够的代表性。参与试验的医生人为地制造了本身不相似的两个试验组，因为医生似乎觉得病情较重的患者更适合 A 疗法，病情较轻的患者更适合 B 疗法，所以有意在随机分配患者的时候，让 A 疗法里面大型结石病历多，而让 B 疗法里面小型结石病历多。

更重要的问题是，很有可能影响患者康复率的最重要因素并不是疗法的选择，而是病情的轻重。换句话说，A 疗法之所以看上去不如 B 疗法，主要是因为 A 疗法的病人里重病患者多，并不是因为病人采用 A 疗法。

所以，这一组不成功的 A/B 测试，问题出在试验流量分割的不科学，主要是因为流量分割忽略了一个重要的"隐藏因素"，也就是病情轻重。在正确的试验实施方案里，两组试验患者中重病患者的比例应该保持一致。

因为很多人容易忽略辛普森悖论，以至于有人可以专门利用这个方法来投机取巧。举个例子，比赛 100 场球赛以总胜率评价好坏。取巧的人专找高手挑战 20 场而胜 1 场，另外 80 场专找平手挑战而胜 40 场，结果胜率为 41%；认真的人则专找高手挑战 80 场而胜 8 场，剩下 20 场找平手打个全胜，结果胜率为 28%，比 41% 小很多。但仔细观察挑战对象，认真的人明显更有实力。

从几个辛普森悖论的例子出发，联想到互联网产品运营的实践，会发现一个非常常见的误判例子：**拿 1% 用户做了一个试验，发现试验版本的购买率比对照版本高，就说试验版本更好，我们要发布试验版本。**其实，可能只是我们的试验组圈中了一些爱购买的用户而已。最后发布的试验版本，反而可能降低用户体验，甚至可能造成用户留存和营收数额下降。

那么，如何才能在 A/B 测试设计、实施，以及分析的时候，避开辛普森悖论造成的各种误区呢？

最重要的一点是，要得到科学可信的 A/B 测试试验结果，就必须合理地进行正确的流量分割，保证试验组和对照组里的用户特征是一致的，

并且都具有代表性，可以代表总体用户特征。

在这里，特别要提一下这个问题的一个特殊属性：在流量试验越大时，辛普森悖论发生的条件越有可能触发。这是一个和大数定理以及中心极限定理等"常规"实践经验完全不同的统计学现象。换句话说，大流量试验对比小流量试验可以消除很多噪声和不确定性，但是反而可能会受到辛普森悖论的影响。

举个例子说明：如果只是拿 100 人做试验，50 人一组随机分配，很可能是 28 个男性、22 个女性对 22 个男性、28 个女性，每个性别只是相差 6 个人而已。如果是拿 10 000 人做试验，5 000 人一组随机分配，很可能是 2 590 个男性、2 410 个女性对 2 410 个男性、2 590 个女性，每个性别就差了 180 人，而这 180 人造成的误差影响可能就很大。

除了流量分配的科学性，我们还要注意 A/B 测试的试验设计与实施。

在试验设计上，如果我们觉得某两个变量对试验结果都有影响，那我们就应该把这两个变量放在同一层进行互斥试验，不要让一个变量的试验动态影响另一个变量的检验。如果我们觉得一个试验可能会对新老客户产生完全不同的影响，那么就应该对新客户和老客户分别展开定向试验，观察结论。

在试验实施上，对试验结果我们要积极地进行多维度的细分分析，除了总体对比，也看一看对细分受众群体的试验结果，不要以偏概全，也不要以全概偏。一个试验版本提升了总体活跃度，但是可能降低了年轻用户的活跃度，那么这个试验版本是不是更好呢？一个试验版本提升了 0.1% 的总营收，似乎不起眼，但是可能上海地区的年轻女性 iPhone 用户的购买率提升了 20%，这个试验经验就很有价值了。

正交试验、互斥试验、定向试验（即针对细分人群的试验）、细分分析是我们规避辛普森悖论的有力工具。

规避辛普森悖论，还要注意流量动态调整变化时新旧试验参与者的数据问题，试验组和对照组用户数量的差异问题，以及其他各种问题。时至今日，这个问题依然是科学研究的一个活跃话题。

优秀的增长黑客，不会投机取巧"制造数据"，而会认真思考和试验，用科学可信的数据来指导自己和企业的决策，通过无数次失败的和成功的 A/B 测试试验，总结经验教训，变身能力超强的超级英雄。

2. 盲目分层

盲目分层是指所有的试验都放在不同的分层去做，都用正交试验的方式去做。现在市场上开始出现了一些好用的 A/B 测试工具，可以很方便地进行试验分层，于是有试验者在做试验的时候，不假思索地进行正交试验。2 个试验正交，需要保证 2 个试验所改动的变量相互独立，互不影响，这样 2 个试验的数据结果才都是可信的，否则有可能会给出错误的数据，做出错误的决策。

3. 不考虑试验数据的统计有效性

这是指直接使用简单的采样统计量（如转化率的平均值）作为试验的结论。我们要关注试验的 p 值、统计功效、置信水平和置信区间，这几个重要统计量可以判断试验结果的有效性，它们的含义，我们将在 2.2.5 小节进行介绍。

2.2.5　A/B 测试的统计学原理

本小节将阐述 A/B 测试的统计学原理，这是我们所说的 A/B 测试的科学性的集中体现。本小节内容相比本书其他章节会略显复杂、深奥，如果您在阅读时遇到困难，可联系笔者或者相关专家询问；如果跳过此部分内容，也不影响您学习如何使用 A/B 测试。

1. 基本定义

1）**总体：**是客观存在的、具有某一共同性质的许多个体组成的整体；总体是我们的研究对象，在我们的 A/B 测试对比试验中，总体就是网站 / App 的所有用户。

2）**样本：**所谓样本就是按照一定的概率从总体中抽取并作为总体代表的一部分总体单位的集合体；样本是我们的试验对象，在对比试验中缺省的对照版本和试验版本的用户都是样本。

3）**参数：**用来描述总体特征的概括性数字度量，称为参数，如总体平均数（μ）；在对比试验中总体参数就是所有用户的某个优化指标的平均值。

4）**统计量：**用来描述样本特征的概括性数字度量，称为统计量，如样本平均数（x）；在对比试验中统计量就是试验版本用户的某个优化指标的统计平均值。

5）**均值：**变量值的算数平均数。

6）**方差：**各变量值与其算术平均数之差平方的算术平均数。标准差是方差的平方根。

7）**正态分布：**一种应用非常广泛的概率分布，它是下文中介绍的假设检验等统计推断方法的数学理论基础，如图 2-13 所示，随机变量 x 服从一个均值为 μ、方差为 σ^2 的正态分布。正态分布曲线的特征是中间高、两侧低，围绕平均值左右对称呈钟型。如果总体数据符合正态分布，那么从总体中随机选取的样本的值就有大概率接近总体的均值。

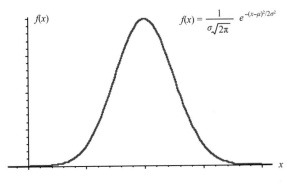

图 2-13　正态分布

所以，对比试验的工作原理就是统计对照版本和试验版本两个样本的数据（样本数量、样本平均数和样本方差等），通过以正态分布为基础的统计学公式进行确定性的推测计算，衡量试验版本的总体参数（均值）是否比对照版本的总体参数有确定性的提升。

2. 抽样

抽样是指按照随机原则，以一定概率从总体中抽取一定容量的单位作为样本进行调查，根据样本统计量对总体参数做出具有一定可靠程度的估计与推断。

抽样最重要的问题是抽取的样本是否能够代表总体。如果样本没有代表性，那么以样本的统计量数据来对总体参数进行估计就没有逻辑基础。

在专业的 A/B 测试系统中，用户流量分割算法应该根据用户特征对用户进行聚类，把用户分为具有相同代表性的多个小组，然后通过随机抽样的方式得到对照版本和试验版本的用户群（样本），保证了样本的代表性。

3. 参数估计

参数估计是一种统计推断方法，用样本统计量去估计总体参数。总体的统计指标在一定范围内以一定的概率取各种数值，从而形成一个概率分布，但是这个概率分布可能是未知的。当总体分布类型已知（通常是正态分布）时，仅需对分布的未知参数进行估计的问题称为参数估计。

用来估计总体参数的统计量的名称称为估计量，如样本均值；估计量的具体数值称为估计值。参数估计的方法有点估计与区间估计两种。

用样本估计量的值直接作为总体参数的估计值称为点估计。例如在对比试验中，缺省对照版本的优化指标均值就是对缺省版本总体的优化指标均值的一个点估计。

我们必须认识到，点估计是有误差的，样本均值不能完全代表总体均值。在一些比较粗糙的 A/B 测试中，试验者得到对照版本和试验版本的均值之后，直接比较它们的大小，由此得出哪个版本更优的结论，这种做法的误差是非常大的，结论的可靠性没有保障。

点估计只能给出总体参数的一个大概值，但不能给出估计的精度。区间估计就是在点估计的基础上，给出总体参数的一个概率范围。区间估计的几个要素是点估计值、方差、样本大小以及估计的置信水平。专业的 A/B 测试系统会通过结合这些要素的统计学公式来对结果进行科学评估，而不是简单粗糙地用点估计比较值的大小。

4. 假设检验

从 A/B 测试的试验原理来看，它是统计学上假设检验（显著性检验）的一种形式。

假设检验（其中的参数检验）是先对总体的参数提出某种假设，然后利用样本数据判断假设是否成立的过程。逻辑上运用反证法，统计上依据小概率思想。

反证法是指先提出假设，再用适当的统计方法确定假设成立的可能性大小；如果可能性小，则认为假设不成立。小概率思想是指小概率事件（$p < 0.05$）在一次试验中基本不会发生。

具体到对比试验，就是假设试验版本的总体参数（优化指标均值）等于对照版本的总体参数，然后利用这两个版本的样本数据来判断这个假设是否成立。

假设检验的几个基本概念如下：

1）**统计假设**：是指对总体参数（包括总体均值 μ 等）的具体数值所做的陈述。

2）**原假设**：是指试验者想收集证据予以反对的假设，又称"零假设"，记为 H_0；对比试验中的原假设就是试验版本的总体均值等于对照版本的总体均值。

3）**备择假设**：也称"研究假设"，是试验者想收集证据予以支持的假设，记为 H_1；对比试验中的备择假设就是试验版本的总体均值不等于对照版本的总体均值。

4）**双侧检验与单侧检验**：如果备择假设没有特定的方向性，并含有符号"$\neq$"，这种检验被称为双侧检验。如果备择假设具有特定的方向性，并含有符号"$>$"或"$<$"的假设检验，则称为单侧检验。

原假设和备择假设是一个完备事件组，而且相互对立。在一项假设检验中，原假设和备择假设必有一个成立，而且只有一个成立。 在对比试验中，因为我们试验的目的是通过反证法证明试验版本和对照版本有明显的不同（提升），所以我们的原假设是试验版本的总体均值等于对照版本的总体均值。

假设检验的两类错误如下：

- **第 I 类错误（弃真错误）**：原假设为真时拒绝原假设；第 I 类错误的概率记为 α（Alpha）。
- **第 II 类错误（取伪错误）**：原假设为假时未拒绝原假设；第 II 类错误的概率记为 β（Beta）。

α 是一个概率值，表示原假设为真时，拒绝原假设的概率，也称为抽样分布的拒绝域。在这两类错误中，相对更加严重的是第 I 类错误，所以 α 的取值应尽可能小。常用的 α 值有 0.01、0.05、0.10，由试验者事先确定。对比试验中常用的 α 值是 0.05（5%），这是显著性检验中最常用的小概率标准值。

5. 重要统计量

有了前面的知识准备，下面开始介绍几个重要的 A/B 测试统计量。

（1）p 值（p-value）和显著性水平 α

p 值是指在原假设为真的条件下，样本数据拒绝原假设这样的一个事件发生的概率。例如，我们根据某次假设检验的样本数据计算得出 $p = 0.04$；这个值意味着如果原假设为真，我们通过抽样得到这样一个样本数据的可能性只有 4%。

那么，0.04 这个显著性水平到底是大还是小，够还是不够用来拒绝原假设呢？这就需要把 p 和我们采用的第 I 类错误的小概率标准 α 来比较确定。这个小概率标准 α 被称为显著性水平。根据 p 和 α 的定义，假设检验的决策规则为：

① 若 $p \leqslant \alpha$，那么拒绝原假设；

② 若 $p > \alpha$，那么不能拒绝原假设。

如果 α 取 0.05 而 $p = 0.04$，说明如果原假设为真，则此次试验发生了小概率事件。根据小概率事件不会发生的判断依据，我们可以反证认为原假设不成立。

p 值的计算公式取决于假设检验的具体方式，我们将在下文的 t 检验部分介绍。

（2）统计显著性（Significance）

在假设检验中，如果样本数据拒绝原假设，我们说检验的结果是显著的；反之，我们则说结果是不显著的。一项检验在统计上是"显著的"，意思是指这样的样本数据不是偶然得到的，即不是抽样的随机波动造成的，而是由内在的影响因素导致的。

（3）t 检验（Student's t-test）

常用的假设检验方法有 t 检验、Z 检验和 χ^2 检验等，不同的方法有不同的适用条件和检验目标。t 检验是用 t 分布理论来推断两个平均数差异的显著性水平。

我们的对比试验是用对照版本和试验版本两个样本的数据来对这两个总体是否存在差异进行检验，所以适合使用 t 检验方法中的独立双样本检验。

为了简化，对比试验忽略了样本大小在 30 以下的小样本情况（视为结果不显著），按大样本检验公式进行 p 的计算。

首先通过 t 检验公式计算出检验统计量 Z 的值：

$$Z = \frac{\overline{x}_1 - \overline{x}_2}{\sqrt{\dfrac{S_1^2}{n_1} + \dfrac{S_2^2}{n_2}}}$$

式中，x_1 是样本 1 的均值；x_2 是样本 2 的均值；S_1 是样本 1 的标准差；S_2 是样本 2 的标准差；n_1 是样本 1 的大小；n_2 是样本 2 的大小。

然后通过 t 分布（大样本情况下近似正态分布）的公式（见图 2-14）计算得出和 Z 值对应的 p 值。

p 值算出来之后，我们就可以根据 p 值按照前面介绍的假设检验决策规则来判断这两个样本均值的差异是否显著了。

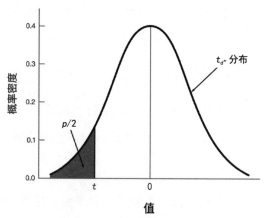

如果 $t = (\overline{x}_1 - \overline{x}_2)/\sqrt{s_1^2/n_1 + s_2^2/n_2} \leqslant 0$，那么 $p = 2 \times$（$t_{d''}$ 分布下 t 值左侧的面积）

图 2-14 t 检验

（4）置信区间（Confidence interval）

置信区间就是用来对一个概率样本的总体参数进行区间估计的样本均值范围。置信区间展现了这个均值范围包含总体参数的概率，这个概率称为置信水平。

置信水平代表了估计的可靠度，一般来说，我们使用 95% 的置信水平来进行区间估计。简单地讲，置信区间就是我们想要找到的一个均值区间范围，此区间有 95% 的可能性包含真实的总体均值，如图 2-15 所示。

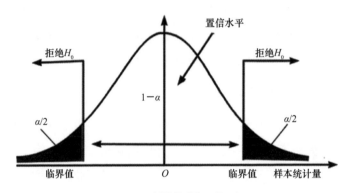

图 2-15　假设检验和置信区间

根据统计学的中心极限定理，样本均值的抽样分布呈正态分布。因此，通过下面的公式我们可以计算出两个总体均值差的 95% 置信区间：

$$(\bar{x}_1 - \bar{x}_2) \pm Z_{\frac{\alpha}{2}} \cdot \sqrt{\frac{S_1^2}{n_1} + \frac{S_2^2}{n_2}}$$

（5）统计功效

在假设检验中，统计功效是指当备择假设为真时正确地拒绝原假设的概率。换言之，统计功效就是当备择假设为真的时候将其接受的概率。当统计功效增加时，发生第 II 类错误（取伪错误）的概率相应降低。也就是说，统计功效等于 $1-\beta$。

影响统计功效的因素有以下三点：

① 显著性水平 α（即小概率标准）：注意我们前面提到的假设检验的决策规则：

- 若 $p \leqslant \alpha$，那么拒绝原假设；
- 若 $p > \alpha$，那么不能拒绝原假设。

如果在一个试验算出来的 p 值固定的情况下，α 越大，越容易拒绝原假设而接受备择假设。因此，备择假设为真时，α 越大，拒绝原假设的概率就越大，统计功效越大，也就是统计功效和 α 正相关。

② 试验版本相对对照版本的效应值：一般来说，效应值是量化现象强度的一个数量值。在这里，现象强度指的是试验版本在目标指标上相对对照版本提升了多少，因此这个提升比例就是效应值。为了在不同试验中的效应值有可比性，还需要做标准化处理。因此效应值的表达式如下（其中 σ 表示两组样本合成整体的标准差）：

$$(\overline{x}_2 - \overline{x}_1) / \sigma$$

③ 样本数量：样本数量越大，试验内在的采样误差便越小，统计功效便越大。反之亦然。

6. 分组序贯检验方法

理论中的 A/B 测试，需要在试验之前预估所需的样本量，然后在收集到足够的样本量后，计算样本均值，获得 p 值、统计功效、置信区间，根据这些统计数据进行决策。我们可以用 t 检验的方法来进行统计数据的计算。

有时试验组和对照组的区别比预期的大，试验需要的样本数量比预计的少，可以提前结束试验，节约时间；有时试验组存在重大问题，需要及时终止试验，进行止损操作。由以上可知提前结束试验的需求是存在的，但会带来下面所讨论的多重检验问题：

t 检验的相关计算是假设只在试验正常结束以后观察结果。而提前结束试验需要在试验过程中多次观察实时结果，这种预期之外的观察的行为会对准确性产生影响。多次观察试验结果，当出现统计显著时就立刻停止试验，相当于多重检验，第 I 类错误的概率会显著提高。

假设一次检验的第 I 类错误的概率是 α，当多次检验独立时，第 I 类错误的概率会变成 $1 - (1 - \alpha)^m$，对进行中的试验进行多次观察，结果具有相关性，第 I 类错误的概率会比检验独立时小，但是仍然会比一次检验的第 I 类错误的概率显著提高。

为了避免多次检验导致试验的实际第 I 类错误的概率比标称值高的问题，可以采用下面所述的分组序贯检验方法，对计算结果进行修正，把第 I 类错误的概率控制在标称值。

分组序贯检验方法把试验分成 m 个阶段，每个阶段观察一下试验结果，也就是 Z 统计量。同时给出 Z 统计量的 m 个拒绝域，当任何一个阶段的 Z 统计量落在拒绝域里，则拒绝原假设，提前结束试验。

Z 统计量的 m 个拒绝域由数值方法计算确定，保证试验最终的第 I 类错误的概率和标称值相同。

满足第 I 类错误的概率的 Z 值序列有多个，常见的由相等的 Z 值组成或者由逐渐减小的 Z 值组成。仿真结果显示，相等 Z 值构成的检验序列在早期试验阶段有较高的统计功效，但整个试验周期的统计功效不及

逐渐减小的 Z 值组成的检验序列。

使用分组序贯检验后，置信区间的计算也需要进行调整。每个试验阶段在序列中选取对应的新的 Z 值来代替原来的 Z 值，表现为置信区间比之前膨胀了。仿真结果显示，如果逐渐减小 Z 值组成的检验序列，早期阶段置信区间的膨胀会比较严重，最后阶段的膨胀比例会减少到 10% 以下。

选择逐渐减小的 Z 值组成的检验序列普适性更强。对于 m 个阶段的试验，在第 M 阶段，可以选取（M/m）$^{0.5}$ 作为 Z 值比例系数，如对于四个阶段的试验，第一个阶段的 Z 值最高，逐渐下降，最后一个阶段的 Z 值下降到第一阶段的 1/2。

第3章 A/B测试的作战计划

在前面的章节中介绍了试验的思想和原理，从本章开始，我们将详细介绍 A/B 测试在日常工作中的落地方法。

3.1 试验的战略制定

3.1.1 明确战略目标

对于任何一家公司来说，无论是互联网公司还是传统公司，都有一个对于公司发展最为重要的业务指标，这个指标就是北极星指标。关于北极星指标，脸书的首席增长官曾经做过详尽的阐述：北极星指标应该能够充分反映公司业务发展最为核心的因素，每一家公司的首要任务就是去寻找属于自己公司的北极星指标。

- 脸书的北极星指标是月活跃用户数，而不是注册用户数；
- WhatsApp 的北极星指标是每周的短信发送数；
- Airbnb 的北极星指标是房间被订出去多少个晚上；
- eBay 的北极星指标则是总成交额；

这些北极星指标都准确地反映了公司发展应该关注的最核心的要素。北极星指标就像北极星一样可以指引方向，它不仅能够聚焦，让大家劲往一处使，也反映了整个公司当前关注的方向。所有业务活动都应该以北极星指标为指导。

毫无疑问，北极星指标的确定是战略工作。当我们在寻找和定义北极星指标的过程中，我们可以用以下四个考核标准来验证我们的指标是否是真正的北极星指标：

（1）指标是否能反映用户对你的产品核心价值的体验？

（2）指标是否能衡量用户的活跃？

（3）指标是否能反映你的业务正在往好的方向发展？

（4）指标是否易于被团队理解？

对于一些成熟的行业，我们有典型的北极星指标的例子：

（1）电商（类）平台行业通常可以选取 GMV（商品交易总额）作为指标。

（2）网络视频行业可以选取用户总观看时长作为指标。

（3）社区类产品可以选取用户总回答数作为指标。

一旦确定了北极星指标，难以量化的"战略目标"就可以被部分量化，进而通过高频试验、快速迭代的方式持续提升。

3.1.2　制定战略路线图

1. 北极星指标的拆解

从公司层面确定了北极星指标之后，各个业务团队就可以根据北极星指标，直接或间接促进北极星指标的增长。

那么，各个团队应该如何合理地执行北极星指标呢？这里我们引入一个概念——指标树。**指标树就是将北极星指标进行合理的分解，拆解成各个业务团队可执行的具体指标。**

指标拆解这一步非常重要。关于如何创建一个指标树，我们举一个电商的例子，如图 3-1 所示。

需要注意的是，北极星指标是总收入，总收入可以分解为每个用户收入 × 购买用户数量；进一步，每个用户收入可以分解为平均订单额 ×

转化率；而购买用户数量又可以分解为新增用户数量 × 用户留存；以此类推，我们可以将北极星指标分解成很多具体部门关心的指标。

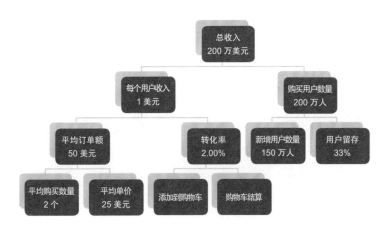

图 3-1　指标树范例

注意，指标树的分解并不是只有固定的结果，实际工作中我们可以根据具体的业务场景以及团队配置进行调整。

一个值得注意的问题是，指标树什么时候算是分解完成呢？那就是**当各个业务团队已经能明确自身相关的业务指标时，就可以停止分解指标树。**

指标树对于试验战略有以下作用：

1）帮助企业领导决定优化工作的重点；

2）将广泛的组织要求分解为可以执行的小点；

3）通过优化找到多种途径来产生影响；

4）针对较小的 KPI（关键绩效指标）进行优化，并了解这些 KPI 如何影响整体的业务目标；

5）帮助利益相关者以他们理解的语言明确优化工作的价值。

一般来说，我们只需要构建一次指标树，但在整个迭代优化周期中需要多次查询它。在制定试验路线图时，将使用它来判断每个试验的影响。另外，我们还会在分析结果时对指标树进行检查，以考察试验项目对 KPI 的影响。如果公司的业务模型发生变化，我们应当及时更新指标树。

2. 制定试验的实施计划

对于单个业务线来说，在明确了优化目标之后，下一步工作是要制定试验的实施计划。实施计划应当至少考虑以下三个方面的问题：统计试验方案、排期与测试、阶段性效果评估。

（1）统计试验方案

试验实施的第一步，是进行试验方案的汇总和统计。换句话说，我们要对试验方案进行科学的管理。试验方案统计的过程要考虑三个要点：①试验方案如何产生；②如何收集试验方案；③如何管理试验方案。

第一步，试验方案的产生。试验方案一般是由业务线团队内部成员产生的，包括产品经理、运营经理、技术研发人员。特别值得提出的是，技术研发人员也应该关注业务，而且技术研发人员的经验对试验方案很有价值，所以我们要欢迎技术研发人员在试验方案的产生中做贡献。在实践中，我们有多种途径可以产生试验方案，如用户行为分析、历史试验结果、用户调研反馈、竞争分析、优化理论等（这些途径会如何具体地产生试验方案，将在 3.2 节中进行详细探讨）。

第二步，收集试验方案。团队内应有一个公共平台，大家可以自由地提交试验方案，同时，也可以互相看到对方不同的试验方案。团队成员可以快速查询不同的试验方案，最好可以允许不同的角色点评各个试验方案，形成集思广益的试验氛围。

第三步，管理试验方案。团队负责人应提供一个统一的试验方案创建模板，这个模板包含了试验的所有基本信息，包括但不限于试验场景、试验受众、试验周期等。该模板应当是易于查看并可分享的，这样有利于更多的人参与到试验中。本书附录 C 提供了一个可以直接使用的参考模板。

（2）排期与测试

在团队的试验方案需求收集完成之后，在开始实施试验之前，需要对可能进行的试验方案进行评估，用来确定试验的排期。通常来说，在一个增长黑客的团队，试验方案数量远远超过团队的并行试验的能力，所以我们需要确定试验的先后顺序，进行试验排期。具体的试验排期的方式我们将在 3.2.3 小节中详细讨论。

每个 A/B 测试项目的试验时间通常是一周到两周。对于流量很大的项目，如果不考虑用户的活跃时间特征，试验周期可能会缩短到一两天。而对于新功能上线的验证，为了排除用户新奇效应、首因效应等干扰因素，一般建议试验周期为一个月，甚至两个月。

考虑到试验项目对试验流量占据的时间比较长，以及团队的工作时间有限，我们可以并行进行一些试验。排期在前的试验结束下线之后，再把排期在后面的试验推上线。

（3）阶段性效果评估

在 A/B 测试的实施过程中，应定期对已经进行的试验进行回顾。回顾工作有两个目的，首先，重要的是确认上一个试验周期里的试验效果，总结上一期获得的业务经验和用户洞察。这些业务经验和用户洞察，一方面可以为后续的试验优化提供相应的参考，另一方面通过在团队内外部的分享，可以让公司更多的团队运用此业务经验和用户洞察，从而达到使整体受益的效果。再者，定期的回顾有助于改善试验中遇到的各类问题，特别是对于刚刚开始以试验驱动创新的团队，在增加了 A/B 测试环节的情况下，遇到的问题有：产品需求管理如何囊括 A/B 测试需求，开发环节如何规划包含 A/B 测试在内的开发工作，QA（质量检查）环节如何针对同时包含多个方案的产品进行测试等。这些步骤和流程都需要团队本身不断地去磨合协调，以找到最适合团队自身的最佳方法。

3.1.3 管理试验项目

1. 项目人员的构成

A/B 测试对于基础的互联网产品迭代流程来说，是一个极为有效的增强。因此，对于实施 A/B 测试项目的团队来说，已有的团队成员在一定程度上也足够胜任基本的 A/B 测试工作。**也就是说，一组包含产品人员、运营人员、市场人员，加上设计人员和开发人员的团队成员，就足够完成整个 A/B 测试的工作了。**如果使用一些完成度高的第三方工具，甚至只需要产品、运营、市场人员即可完成完整的 A/B 测试工作，不需要开发人员参与。

2. 试验的实施流程

一般来说，一个完整的 A/B 测试实施流程应如图 3-2 所示。

图 3-2 A/B 测试实施流程

完整的流程一共包括 6 个步骤：A/B 测试需求分析，开发版本集成完成，测试，方案上线、运行试验，实时关注试验结果，总结和决策。

（1）A/B 测试需求分析，即分析此次试验涉及的相关要素，最重要的是本次试验期望达成何种目标。例如，本次试验希望提升 10% 的添加购物车的转化率。其他一些要素有试验方案受众、周期、平台等，具体可以参考本书附录 C"A/B 测试需求分析模板"。这个步骤主要由业务人员，即产品或运营或市场人员负责，可以将试验需求融入现有的产品需求、运营需求或市场需求中。

（2）开发版本集成完成，是指在确定方案的需求之后，设计人员进行 UI 设计，开发人员开发新方案，实现 A/B 测试分流之后用户体验到的不同方案，以及优化指标的埋点追踪工作。另外这个环节还有一部分工作，需要后端、商业智能（BI）团队或数据团队完成，那就是用户在不同版本的用户行为统计分析，这里涉及统计学层面的科学地衡量试验方案的效果，主要需要精确计算优化指标变化的置信区间和试验统计功效。

（3）测试，基本的步骤同现有的 QA 部门的测试步骤一致，A/B 测试需要在基本 QA 工作之外增加三块内容，① 测试不同的方案是否能够满足上线要求，每个试验方案的测试方法与现有测试方法一致；② 测试 A/B 测试分流采样是否生效，确保用户可以按照设定的采样比例进入不同的试验版本；③ 测试指标埋点是否上报正确。这里的上报正确是指，当用户在不同的方案中时，指标应该上报到对应该方案的统计报表中，而不是错误地上报到其他版本的报表中。

（4）方案上线、运行试验。这里与通常的代码上线步骤一致。对于 Web/H5 页面的试验，进行线上发版。对于 App 类试验，需要上线到应用市场。在试验上线之后最初的一两天，试验用户的比例通常设定在总流量的 10% 以下，这是为了减少上线版本有 Bug 的风险。一旦发现线上事故，我们可以尽可能地减少影响范围，并且尽快回滚用户体验。经过初始验证之后，我们确保线上版本基本符合预期，就可以将试验流量调整到预定的流量比例，如 10%、20% 等。A/B 测试进入正常运行。

（5）实时关注试验结果。一旦试验上线，我们会持续地观察试验结果。试验结果的观察，主要看重优化指标变化的置信区间。在设定的置信度水平下（业界公认标准是 95%，可以根据特定试验场景进行调整），试验结果是否稳定收敛，取决于样本是否足够多。当样本足够多之后，我们会观察到收敛的置信区间，比如 [+1.0%，+3.0%]，就可以停止试验。

（6）总结和决策。当试验结果收敛之后，我们需要根据在 A/B 测试需求分析里设定的目标，判断是否达成目标。如果没有达成目标，我们要思考下一步应该如何调整才更有可能实现目标，如果有必要，可以迅速调整进行下一轮试验。如果超额完成目标，我们可以总结一下如何将本次试验的优化经验，大范围地应用于其他业务优化。当然，无论是否达成目标，一个共同的步骤是：总结本次的试验经验，形成试验报告，同时记录试验档案。推荐的试验档案参考本书附录 D "试验档案表格"。

3.1.4 搭建试验的基础设施

要实现上文中提到的试验管理和实施，我们需要完善的 A/B 测试试验的基础设施。

要搭建一个 A/B 测试试验系统，最基础的设施包括两个：分流采样和试验结果的统计分析。

1. 分流采样

顾名思义，就是要科学地为 A/B 测试中的不同对照版本选择和分配用户流量，让不同的用户体验不同的试验方案。科学的 A/B 测试分流至少需要达到以下三点要求：

（1）保障每个版本的用户属性均匀一致。举个例子，同时在线的两个方案，在一个方案里分配了一个设备是 iPhone X 的用户，在另一个方案里也应分配一个设备是 iPhone X 的用户。这可以看作用户样本的一种属性。分流算法还需要考虑其他用户属性，比如系统类型、UI 界面大小、用户所在地理位置、用户使用习惯等。也就是说，体验不同方案的对照组和试验组用户群，用户属性应尽可能一致。我们保证不同方案里的用户属性一致，也就保证了试验采样的用户属性与全体用户一致。

（2）一致性。对一个具体试验的具体样本用户来说，这个用户应当尽量"只"进入其中一个试验版本，而不是在版本间不停地切换，这就是一致性。这不仅是保护用户体验的必要需求，也是试验结果科学性的保证。如果 A 和 B 两个版本都影响了同一个样本用户，那么这个用户所做出的反馈就很难判断是 A 造成的还是 B 造成的。

（3）实时性。在调整试验流量时，客户端应当能够及时响应。也就是说，在试验时，如果需要放大试验流量比例或缩小（回滚）试验流量，这些操作应当实时得到实施，这样才能保证试验的可控。比如，如果发现某一个版本效果很差，需要及时回滚，实时性就可以用来保证这一需求能够实现。

2. 试验结果的统计分析

对于 A/B 测试来说，科学的数据统计和分析是至关重要的。如果一个 A/B 测试系统不能完成精确的数据统计，或者试验结果的分析结论很模糊，那么我们就不应该用这个系统做试验。否则，做的试验就没法给出业务上的引导，甚至会对业务产生负面引导。A/B 测试系统需要具备哪些功能才能达到基本的科学性标准呢？

（1）置信区间估计。简单地说，在一个试验报告中，优化指标变化的置信区间衡量了试验样本的波动性。从某种角度来说，如果我们把优胜方案推广给全量用户使用，置信区间描绘了优化指标可能变化的范围，这对于业务决策至关重要。对于不能准确估计该指标的 A/B 测试系统，或者置信区间收敛速度太慢的系统，基本可以说是没有实用价值的。

（2）统计功效评估。试验结果的统计功效从另一个角度衡量了试验样本是否足够，如果试验版本和对照版本没有什么区别（比如优化指标变化的置信区间是 [–0.4%，+0.2%]），而统计功效也很高，我们就可以停止本次试验。如果能准确评估统计功效，则可以辅助我们更好地做试验决策。

（3）试验数据的实时性。如果上面提到的 A/B 测试指标数据不能实时获取，那就丧失了很多业务意义，特别是对于流量很大的线上业务场景，几个小时的问题可能会带来百万元的损失。所以，数据应当是实时地展示出来，帮助业务决策者做快速响应。

除了上述所说的基础要求之外，搭建试验基础设施还有一些其他现实的需求需要考虑，如方便业务人员可以进行流量控制、试验开关等操作，以及提供互动的数据报表，方便业务人员实时和灵活地查看试验进度和试验结果，作为决策参考。再进一步，是否可以让业务人员更加快速地生成试验版本，对在线产品进行多方案修改？总之，试验系统应该尽量降低试验实施的成本，让业务人员可以尽快用 MVP 方式验证自己的想法，根据试验效果再交给开发团队去进行高成本的后续试验，从而节省人力、物力资源，最终实现低成本、高效率的高频创新。

3.2 试验的战术执行

试验思维与 A/B 测试是一套统一的世界观与方法论。如果将业务增长看作一场必胜的战斗，那么试验思维就是指导战斗走向胜利的战略，A/B 测试则是在战场上克敌制胜的战术法宝。

我们不能用战术上的勤奋来掩盖战略上的懒惰。同样，我们不能因为没有正确的战术就认为战略是无效的。试验驱动创新的战术执行有明确的打法，我们在这一节将详细讨论。

3.2.1 探索、验证闭环：试验驱动业务优化的流程

试验创新不是一朝一夕的事情，而是一个持续不断的迭代过程，是一个不断深入用户需求、发现商业机会、进而优化产品和运营的正向循环过程。如图 3-3 所示，这个过程提供了一个优化业务流程的结构化方法。

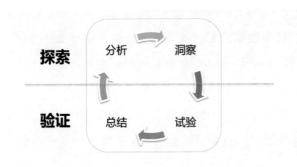

图 3-3　优化业务流程的结构化方法：探索、验证闭环

该过程在四个不同的阶段之间循环：分析、洞察、试验、总结。其中，分析、洞察属于探索阶段，其输出的是关于用户的洞察假设。试验、总结属于验证阶段，验证对于用户的洞察是否正确，是否能为你的业务带来收入提升和盈利增长。

1. 探索阶段

探索阶段的主要工作是信息收集和产生试验想法。我们需要通过多种渠道收集关于业务和用户的见解，从而产生用户洞察假设，也就是 A/B 测试的试验假设（Hypothesis）。一般来说，常用的收集试验想法的渠道包括：

（1）**业务背景**。业务背景知识主要来源于长期从事相关工作的同事和领导。他们熟知业务规则，了解本行业的价值，能够体会到用户深层次的隐性需求，同时非常清楚行业的发展背景和趋势。这些经验和知识如果可以应用在现有的产品和服务中，通过一定的加工处理，就可以用作用户洞察假设。

（2）**用户心理学等理论**。众所周知，行为心理学、营销学、博弈论、微观经济学的基本原理指引了现在很多产品的设计，如首因效应、光环效应、权威效应、病毒营销、价格因素、供求关系等。应用这些成熟的理论研究，围绕用户行为的背后驱动因素，可以产生很多创造性的试验设计。

（3）**用户行为数据分析**。这是线上业务决策者熟悉但又陌生的一块领域。几乎所有的互联网从业者都认可数据分析的重要价值，但是真正能够用好这个工具的人却不多。我们需要理解的是，用户行为数据分析，如维度拆解、转化漏斗、行为热力图、留存率、同期群等，都是用于了解用户的诉求和偏好，以及发现在满足用户需求的过程中哪里存在障碍。如果我们能够正确使用数据分析，就可以建立基于数据的试验假设，消除障碍，更快地帮助用户，从而满足用户预期，提升产品价值。通过数据发现的问题，确实是很好的用户洞察假设。

（4）**用户调研**。这是基本的用户反馈渠道，也是最直接的可以触达用户想法的方式。传统行业如银行、保险、教育、医疗、房地产，由于其庞大的线下基础设施和能力，在这方面做得尤为突出。一般的用户反馈渠道包括线上调查、现场调查、用户测试、NPS（净推荐值）评分等。用户调研是用户洞察的宝库，充分发挥这个渠道的价值，可以帮助我们快速建立一些值得尝试的假设。

（5）**行业调研**。向同行学习也是我们最常用的方法。行业的发展是依靠行业里许多竞争与合作的角色共同努力推动的。我们借鉴同行的经验教训就是站在巨人的肩膀上。他山之石可以攻玉，除了同行做出的爆款之外，细节上的成功创新也是我们可以学习的。行业新知识显然是用户洞察的重要来源。

（6）**试验档案**。对于有丰富 A/B 测试试验经验的公司来说，试验档案就是它们独特且强大的优势。针对自己用户群体的 A/B 测试，可以对用户行为给出确定性的归因分析，这就比前五类渠道的用户洞察更加有说服力。通过不断做 A/B 测试积累的用户洞察，可以在探索阶段快速地拿来产生新的用户洞察假设。比如注册页面如何设计、新功能的价值主张如何体现，A/B 测试经验为这些新的页面、流程以及功能设计提供了更快、更好的方法。

可以看到，在探索阶段，我们有非常广泛的用户洞察来源可以选择，在实际操作时，应当立足自身业务特点，充分发挥优势来源，同时不断补强弱势来源，逐渐形成一个全方位的用户洞察生成机制。

2. 验证阶段

验证是一个迭代过程，它帮助我们检验在探索阶段中产生的哪些用户洞察是正确的，以及它们在现实场景中的最佳工作方式。

细分下来，验证阶段一般包括以下 5 个步骤，如图 3-4 所示。

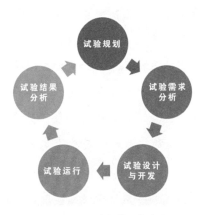

图 3-4　验证阶段的 5 个步骤

（1）**试验规划**。针对一个产品模块的优化，我们在探索阶段可能会产生很多试验想法。由于受时间成本和人力成本的限制，这些试验想法并不可以同时进行验证。我们需要对这些试验想法进行规划，直白地说，就是哪些先试验，哪些后试验。对试验想法进行排序的方法，可以参考 PIE 框架，从试验潜力（Potential）、试验重要性（Importance）和试验实现难易度（Ease）三个方面来评估试验想法的潜在成本和回报，进而对试验想法按照 PIE 评分进行从高到低的排序。我们将在 3.2.3 小节详细讨论试验优先级排序的问题。

（2）**试验需求分析**。对于特定的试验想法，我们需要进行必要的试验需求分析。试验需求分析报告（可参考本书附录 C）通常包括以下内容：试验目的（为了提升什么业务指标）、试验假设（用户洞察假设）、试验方案 [具体怎样实现试验假设，如平台、试验受众（是否针对某一类特定用户群体）、试验变量、试验指标、试验周期（预计完成天数）等]、流量配置（计划采样多少用户进行试验）等。只有明确了这些试验因素，下一步才可以高效地进行试验实施。试验需求分析是决策者和管理者的重要工作，做好了事半功倍。

（3）**试验设计与开发**。一般来说，设计和开发的工作包括两方面，UI/UX 设计和代码开发。一方面，需要设计人员配合进行相关试验方案的设计；另一方面，需要前端或后端研发人员配合实现相关代码逻辑。如果利用专业的第三方 A/B 测试工具，我们可以减少甚至完全不需要开发人员介入就可以实施 A/B 测试，让业务人员和业务决策者更快地落地试验想法。一般来说，试验设计与开发是最耗资源的工作，决定了试验实施的效率，也决定了最终试验驱动增长的速度。3.2.2 小节将专门介绍试验方案的设计问题。

（4）**试验运行**。试验上线之后，应该由专门的试验控制系统来保证其按照设计正确运行。试验负责人可以使用为受控测试而专门设计的工具来监控试验的运行。注意，我们无法使用常规的业务监控来保证试验正确运行，并期望得到准确可用的试验结果。A/B 测试应当保证各个试验版本的分流实时、有效、科学，并且不影响用户的正常体验。平缓的试验运行是最有技术挑战性的，但也是必须做到的。唯一比不做 A/B 测试更糟的就是试验运行不当，让决策依赖于不准确的结果。

（5）**试验结果分析**。最有趣也是最重要的一步就是最后的试验结果分析，最终实现业务增长和新的用户洞察。在前面几个步骤，我们进行了有效的试验需求分析和试验设计与开发，并且通过正确的试验运行获得了结果。现在试验的结果将告诉你，哪些用户洞察假设是经过验证的可靠的用户行为洞察，以及这些洞察能够对业务指标带来多大程度的提升。将这些可靠的洞察应用到所有用户，将给你的业务带来最终的提升，这就是你做试验驱动增长的 Aha（顿悟）时刻。

3. 为什么探索、验证这个闭环很重要

图 3-3 展示的四步循环是经过硅谷领先的创新企业，以及全球多家知名互联网企业验证过的、有效的驱动业务增长的最佳实践。特别要记住：

（1）**这是一个持续的过程**。创新增长不是单次试验或者几个具体的动作就可以达到的，系统的、持续的迭代改进才能卓有成效。

（2）**探索不是线性的**。探索阶段没有一个循序渐进的步骤，它需要基于自身业务，对各类渠道持开放态度，扬长避短，同时及时补短。探索的成功唯有依赖不断的创新。

（3）**验证是线性的**。同探索阶段相反，验证阶段需要逐步按照既定过程的顺序进行，每一步都很重要。大胆假设，小心求证。严格的验证流程可以让开放的探索逐渐走上有效的轨道。

（4）**正向反馈**。探索阶段可能会启动一系列验证试验，同时从验证

阶段获得的洞察可带来更多探索阶段的信息收集。持续地为探索阶段提供试验数据是闭环最大的价值所在。

（5）**有两个同等重要的产出**。业务增长和用户洞察都是预期的重要结果。这个循环既保证我们的工作以短期结果为导向，又能带来长远的用户价值。

3.2.2　试验方案设计

现在我们已经要开始运转这个试验驱动业务优化的循环了，那么首先就要考虑循环的开始——分析和洞察。准确分析出业务问题和业务机会，并针对问题提出有实际意义的洞察假设，这在一定程度上决定了最终的增长效果。

通常情况下，我们可以利用用户行为统计工具将我们存在的问题找出来，如到底是新用户的留存流失严重，还是用户的付费转化率不够高，又或者是某个功能入口隐藏得太深。这些问题如何解决，应该从哪些角度入手？本小节将着重介绍一种常用的试验方案设计模型。

1. 目标性

所谓目标性，是指在具体的业务场景中我们要有具体的目标。例如，产品首页的目标是让用户尽可能向下转化，注册页面的目标就是让新用户注册，商品页面的目标是让用户感兴趣继而收藏或购买，支付页面的目标是让用户完成支付。目标性贯穿我们和用户接触的所有业务环节。

实际上，大多数时候我们的目标都是要让用户产生行动。不论是注册、停留、付费还是传播，我们都希望用户按照我们"设定的路线"去行动。无论用户来到一个业务场景时是否有明确的目的，用户的本性是"趋利避害"的。要让用户产生行动的最直接的动力就是"利"，也就是说，你要让用户感受到行动的好处。有了好处，用户才会有动力按照你设定的路线行动。除了"趋利"还有"避害"，用户感受到好处，同时也会评估这个行动的成本有多高。就像我们买东西时会考虑价格是否能接受，注册账号时会考虑流程是否麻烦，或者体验某个功能时要付出的时间和精力。"利害"是用户能否按照我们设定的路线去行动的最关键因素。

明确了目标之后，我们就要思考如何达成目标。举例来说，如果目标是提升新用户的注册转化率，那么就要考虑注册流程是不是足够清晰、简洁，是一步完成还是分步骤进行，每一步是否需要增加一些温馨提示以降低用户填写敏感信息时的焦虑感。如果目标是提高用户付费的成功率，那么就要考虑付费页面的产品价值和价格表达得是否清楚，我们给用户传递的价值是否是用户最想要的，UI 设计的布局、文案、CTA（Call-To-Action，行为召唤）按钮、海报图片是否有助于帮助用户尽快得到他们想要的信息并做出购买决定。

总而言之，要让用户产生足够的行动力，就要尽可能让用户感受到更大的"利"和更小的"害"。从这个角度出发，我们传递给用户的信息就很关键。同样的价值，通过不同的表达，让用户感受到的"利害"可能会完全不同。

2. 用户预期

首先我们要考虑传递出去的信息是否是用户需要的，只有符合用户预期的信息才是最有可能提高转化率的。近年来，互联网行业对传统行业的冲击，本质上是在用户端的冲击，传统企业依靠逻辑和分析想象用户的需求，而互联网企业直接面对真实的用户。我们必须了解用户的预期，并清晰地知道我们的产品在哪点上满足了用户的预期。了解用户预期最有效的方法就是采访真实的用户，面对真实的用户，倾听他们内心的声音。

因此，信息传递出的"利害"是否与用户的预期一致，就是典型的试验设计思路。一家美国互联网金融公司曾做过一个很有意思的 A/B 测试，这家公司在定期投资的入口做了文案的修改，提升了这个环节 80%的转化率。最初的（对照组）文案是"你愿意开通每周 5 美元的投资吗？"经过多次的 A/B 测试试验，最终版的（转化率最高的试验组）文案是"如果你每周存入 5 美元，5 年后仅本金就可以累积到 2 600 美元，从现在开始每周投资 5 美元吧。"令人惊讶的是，一段文案的修改带来了近 1 倍的业务增长，这比投入上千万美元的营销费用带来的效果还好。在这个案例中，我们注意到用户对于定期投资理财产品的预期是我能得到什么好处（收获 2 600 美元）而不是我需要付出什么（每周存 5 美元）。改版后的文案让用户非常清晰地感受到定期投资的"利害"，从用户最关注的因素出发，2 600 美元是一笔不小的数目，这个"利"足够大，而每周 5 美元的"害"可能就是一瓶饮料的钱，用户完全能够接受。这可能就是更多用户愿意开通定期投资的原因。

3. 用户聚焦（信息聚焦）

当我们使用发散思维思考试验方案时，常常会陷入"我想给用户传递更多信息"的误区。其实我们更应该避免我们发出的信息引起用户的误解和疑惑。日常中我们会遇到不少页面，内容繁杂，其中会有一些让人疑惑和不解的信息。例如，某保险产品的页面，页面上关键的投保 CTA 按钮放了两个，一个是"快速投保"，一个是"会员投保"。假设我是一名新用户，我肯定会感到疑惑：到底这两种投保方式有什么区别？进而我会使用各种方法去寻找我想要的答案，从而降低对"投保"这个动作本身的关注。这就是典型的信息引起用户疑惑的例子。类似的"错误"设计也经常出现在电商行业对商品的描述中,每一个陌生的关键词或者转化出口都可能会让用户偏离行动路线。

研究表明,高端用户能够给予每个产品的注意力非常短暂,在线上可能只有几百毫秒。在这短暂的停留时间内,我们需要围绕目标,将最希望传达给用户的核心信息呈现出来。同时减少容易分散用户注意力的因素。少即是多,要抓住用户的心智。信息越聚焦会让事情变得越简单,很多试验想法都来自于如何帮助用户聚焦。

4. 用户情绪

用户情绪,是直接影响用户留存的感性因素。常见的用户情绪有焦虑感、担忧、紧迫感等。例如,注册一个游戏账号需要填写身份证号、手机号、短信验证码,玩家会担忧这么做是否安全;注册的流程需要填写非常多信息,让人觉得很麻烦;填写流程执行到一半,用户不小心按了"返回"按钮,然后需要重新填全部信息,显然会让用户产生烦躁感。类似这样的场景,用户每天都可能遇到,如果你召唤用户行动的难度较大,或者涉及一些敏感或隐私信息,就会引起用户不良的情绪。而一旦这样的情绪产生,用户基于"避害"的心理,多半会选择拒绝你的服务。

因此,我们在进行创新试验设计,特别是优化用户行为召唤的动作步骤时,需要留意我们的设计方案是否会引起用户的不良情绪。反过来说,我们的试验方案可以朝着降低用户不良情绪的方向寻找灵感。降低不良情绪有下面六种常用的方法:

1)更好的响应速度一定能降低焦虑感,例如从技术上加快网站和App 的速度。

2)用户完成操作需要经历的流程尽量简化,降低操作成本。

3）有清晰的说明和温馨的提示，不要让用户想行动却不知道如何实现。

4）将复杂的行动分步骤变成一系列简单的行动，并且每个步骤都有反馈。

5）展示能增加安全感的信息，如第三方权威认证。

6）从视觉上弱化能引起焦虑感的因素，如价格、用户权责、行动成本等。

除此之外，可以利用用户情绪，更快地达成目标。例如"双十一"购物狂欢节活动的核心思想就是利用用户的紧迫情绪，不断宣传"双十一"的概念，强化用户心中"低折扣过了今天就没有了"的紧迫感。对紧迫情绪的运用，有助于加速购买决策，泛电商行业，都是这类情绪的使用场所。例如，购买机票时，提示有多少其他用户在浏览这班航次；订酒店时提示该房型仅剩最后 2 间；某商品的优惠活动仅限每天前 100 位用户参与；理财产品上线时间到下个月截止……这些都是典型的利用用户紧迫情绪的方法，为了加速用户的转化。

只要我们以目标性为基础，围绕目标针对用户预期、用户聚焦、用户情绪来展开创新，就可以产出很多值得做 A/B 测试的试验方案。

当然，如前文所述，还有很多其他有助于我们生成试验方案的输入，包括用户调研、行业调研、用户行为数据分析等。针对不同行业和不同产品，创新试验方案都有不同的特点，所以试验方案的设计能力是大家在日常工作中可以不断积累的重要能力，而且是不可轻易复制的能力。

3.2.3 试验的优先级排序

现在我们可以持续地生成大量试验方案，但是试验资源（人手、算力、用户流量等）是有限的。接下来的工作任务是如何排序试验方案，从而在资源有限的情况下尽可能多地完成高质量的试验，并且带来业务指标的提升。

1. 定义优先级标准

一般来说，我们可以从两个方面评估试验想法的优先级：影响力和资源需求难度。简单地说，我们要找到高影响力和低资源需求的试验想法，优先尝试这样的方案。具体评估的情况取决于团队的业务目标以及可以获取到的资源数量。

首先，有哪些可以决定影响力高低的因素呢？表 3-1 中所列的因素可以作为一个参考。

表 3-1　决定影响力高低的因素

影响力因素	
定量因素	**定性因素**
更高的转化率： 　购买 　注册 　参与度	同事是否认可 领导是否支持
最大化的目标： 　收入 　页面浏览数	有足够的开发资源 有地方进行测试
减少损失的目标： 　内部成本	可实施性

其次，试验所需要的资源包括哪些？哪些资源是专用于本项目的 A/B 测试的，哪些资源是和其他团队共享或借用的？资源需求如表 3-2 所示。

最后，用于确定试验想法优先顺序的标准将取决于这两个方面的评估得分之和。

表 3-2　试验所需要的资源

资源需求	
技术	团队
HTML CSS JavaScript 后端 受众定向	设计人员 开发人员 IT 人员 QA 人员

举例来说，如果你的团队技术精湛，但是设计经验较少，那么你可以很容易地实现代码集成，但是很难获取设计原型，所以算法改进类的试验想法得分就可能比用户体验改进类的试验想法得分高。如果你的想法有领导支持，但很难与 IT 人员协调，你可能会发现需要运维工作的App 发版迭代试验很难实施，只能将这样的试验想法评分调低。

2. 排序试验方案

针对上文中提到的影响力和资源需求难度两个维度，我们对收集到的试验方案分别进行打分，如表 3-3 所示。根据分数的高低，我们将试验想法进行排序。一种最简单的打分标准是分为高、中、低三个等级，每个等级分别赋予 3、2、1 分，影响力高的分数高，资源需求难度低的分数高。

表 3-3　试验方案打分表

打分表				
优先级	测试名称	影响力	资源需求	得分
1	测试 1	3	3	6
2	测试 2	2	2	4
3	测试 3	3	1	4
4	测试 4	1	1	2
得分 = 影响力 + 资源需求				

这一步的工作非常重要，直接决定了最终的产出，也比较依赖决策者的工作经验。我们可以在实践的过程中不断地改进打分机制。

3. 因素标准细化

进一步，我们可以通过构建详细的标准来明确哪种条件下影响力高，哪种条件下资源需求低。需要注意的是，对于特定团队来说，要根据团队的优势自定义资源需求分数的权重，根据特定业务的最重要的目标调整影响力分数的权重。这样有助于始终如一地客观评估试验方案的优先级。以资源需求为例，我们可以给分数更详细的评价标准，如表 3-4 所示。

表 3-4　试验资源需求细分表

资源需求因素	3 低难度	2 中难度	1 高难度
HTML	不需要	需要，但是可以通过第三方工具直接完成	需要定制化的 HTML
UI	不需要	需要简单的 UI 设计	需要复杂的 UI 设计
领导支持	不需要	N/A	需要领导的批准

3.2.4　高频试验管理

对于大量运行 A/B 测试进行试验创新的企业来说，随着各类试验场景逐渐增多，参与试验的业务团队数量增多，必然会遇到管理问题：如何进行高频并行试验的管理？如何保证几个乃至几十个不同的团队之间互不干扰，成百上千个同时运行的试验之间不会由于互相干扰导致数据失准？

1. 团队之间不干扰

当不同团队之间的试验创新同时展开时，我们需要做到团队间数据共享，但是试验控制权限互相隔离。这通常需要一个完善的 A/B 测试试验系统的支持。

一般来说，每个业务团队应该只拥有对本团队管理的业务场景的试验的控制权限（创建试验、生成方案、上线下线、调整流量等）。团队之间可以互相分享各自试验的数据报告，促进经验的交流。在团队账号体系之上，需要一个或多个不同级别的管理员账号可以对各个团队的权限进行管理，通常是由领导层来把控。

所以，为了支持企业级的试验创新，A/B 测试试验系统必须有支持多人协同工作的工具。

2. 试验之间不干扰

在一个具体的试验场景中，当我们有很多 A/B 测试在同时运行时，A/B 测试系统需要保证各个试验之间互不干扰。最基本的不干扰是要确保每个试验都能得到准确的试验结果，并且试验控制不依赖于其他试验的运行状态。

举个例子，如果一个用户在同一个页面进入了不同的试验，那么该用户在不同试验的数据都可能会受到影响。这个问题应当如何解决呢？我们需要 A/B 测试系统能支持几个试验互斥运行，就是确保访问这个页面的用户只能进入一个试验，而不能进入多个试验，这样就不会对其他试验造成干扰。

再举个例子，如果我们在用户转化漏斗的不同环节同时进行试验，那么我们在漏斗前半部分做的试验，对于漏斗后半部分的试验会有什么影响呢？一种可能性是这两个试验互相独立，也就是用户在漏斗前半部分的体验并不会影响用户在漏斗后半部分的交互，这种情况下我们可以将两个试验设置为分层（正交）试验，允许用户同时进入这两个试验，并且不影响两个试验的结果。如果我们判断这样的两个试验对用户的影响是综合性的（不独立），我们可以将这两个试验设置为互斥试验，从而确保它们互相不影响。我们也可以将两个试验合并成一个多变量试验，如漏斗环节 1 有 A 和 B 两个方案，漏斗环节 2 有 C 和 D 两个方案，我们可以将两个环节的想法组合成一个双变量试验，形成 A+C、A+D、B+C、B+D 四个版本的试验方案进行试验对比。

3. 试验追踪和归档

在 3.2.1 小节中提到，我们可以建立一个试验档案追踪试验进度，以便为未来的试验提供参考，同时可以在必要的时候对其他团队进行经验分享。

随着试验频率逐渐提高，试验档案的作用就越发重要。我们需要在 A/B 测试系统里方便地检索历史上的试验报告和经验总结，以便于海量试验档案的管理和使用。

试验档案需要满足以下四个基本要求：

（1）包含试验需求和试验报告的关键信息，如转化率优化、提升 / 下降、UI 修改等；
（2）包含试验相关人员的信息，如方案提出者、评估人员、实施人员、决策人员等；
（3）方便搜索查询，应该可以通过关键字检索到相关的试验信息；
（4）定期整理，针对重要的试验成果，加入与用户洞察相关的评论。

只有满足上述 4 个要求，高频试验的深度价值才可以被持续地积累和挖掘。

3.3 快速上手一个试验

在前面的章节中我们介绍了试验驱动产品创新与增长的方法论，以及 A/B 测试作为增长方法的核心概念、原理与价值，那么如何开启一个真正的 A/B 测试试验？建立和运行一个有效的 A/B 测试需要哪些步骤和流程（可参考附录 E）？

其实 A/B 测试的概念非常简单，但是它带给产品、业务增长的价值与意义却非同寻常。简单的概念决定了它执行落地的步骤不会复杂，但是非同寻常的价值也对试验的设计和规划提出了严格、缜密的要求。

总体来说，A/B 测试试验的创建主要包含下面 5 个步骤（见图 3-5）：

（1）收集数据，从数据中发现存在的问题和机会。

（2）基于要解决的问题设立试验目标，如提升注册转化率或者新用户留存率。

（3）找到目标后，设计解决方案，提出试验的假设，如"将注册按钮的文案从'立即注册'改为'获取演示'可以带来更多的注册转化数量"。

（4）进行 A/B 测试试验部署和上线。

（5）试验开启后定期观察数据，通过显著性的统计结果来判断试验结果，从而做出科学有效的决策。

步骤 1　　　步骤 2　　　步骤 3　　　步骤 4　　　　　步骤 5
收集数据　　试验目标　　提出假设　　测试假设　　结果分析　＋　得出结论

图 3-5　创建 A/B 测试的步骤

3.3.1　收集数据，发现问题

假设目前有这样一个页面（见图 3-6），目的是引导用户报名 A/B 测试的线上课程。在设计页面的过程中，运营和设计人员都提出了不同的想法来改进页面的流量转化能力。

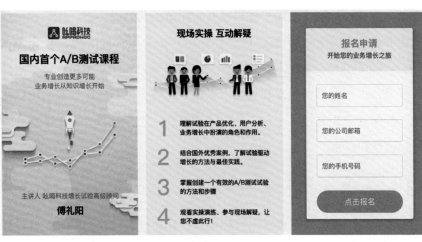

图 3-6　试验的页面

对于已有页面或者需要二次优化的页面，我们可以结合数据来探究页面目前存在的问题。例如，我们可以从用户转化漏斗中发现某个环节的流失率不符合预期，或者借助热图分析页面的设计是否符合用户的浏览习惯。

当然不是所有的答案都能从数据中找到，有的时候我们需要直接和用户聊一聊，或者采用一些调研方法与用户保持交流。我们做试验，很多时候是想影响用户行为、改变用户行为，但是人都是理性与感性结合的，不是机器，所以不能完全用数据来看待一个用户，正如汤姆·汉克斯主演的影片《萨利机长》中所讲述的，萨利机长凭借多年的经验和直觉发现了数学方程式在实际应用场景下的问题。我们可以通过数据来观察和分析浅层次的用户行为，但千万不要忘记，用户内心深处的真实需求和心理是很复杂的，也是我们最需要理解的。

除了数据分析和用户研究，我们也可以通过头脑风暴、竞品调研来激发更多的试验想法。我们可以充分利用前人对用户心理的研究成果，如霍布森选择效应（给用户提供没有实用价值的选择会引导用户做出行动）和罗森塔尔效应（赞许用户会让用户更喜爱产品）等。特别是在3.2.2 小节中介绍的目标性、用户预期、用户聚焦、用户情绪试验方案设计模型，可以帮助我们发现页面中存在转化障碍的瓶颈，以及从价值主张、清晰度、相关性、注意力分散、紧迫性、焦虑感六个维度来对障碍进行梳理和攻克。

3.3.2　建立试验目标

确立一个有效、可追踪的目标可以使你在试验设计和提出假设时目标更明确，思路更清晰。一旦你的优化目标具体化了，你就会发现它事实上就是与你的 KPI 紧密相关的某项业务指标，如用户留存、收入等。当明确了试验目标后，我们才能继续探究页面或者产品中哪些因素或内容是有可能与这些目标的变化紧密相关的，从而提出你的假设。比如某家电商网站，本季度的运营优化目标是提升用户加购率。那么围绕这个目标，我们可以去探索和设计提升这个转化率指标的可能方案有哪些。

举例来说，对于图 3-6 中需要优化的页面，我可以设定一个目标就是希望用户点击报名的转化率提升 30%。

在设定目标的时候我们需要注意以下两点：

（1）每个试验聚焦一个并且只有一个试验目标。不同的问题有不同的解决方案，如果你期待更改"加入购物车"按钮的颜色既能带来加购转化又能带来进入结算中心的转化，那最好设立两个目标，分别进行不同的优化试验，因为按钮颜色的更改与加入购物车的行为可能存在直接的因果关系，而对进入结算中心的用户行为影响可能非常小，甚至完全不相关。当你聚焦一个目标全力攻击的时候，得到的效果往往比分散目标获取的效益更大。

（2）试验目标是具体可以量化的。这样你和团队可以更加清晰地追踪你们的试验效果是否符合预期，更加精确地衡量试验结果和预期之间的吻合程度。

3.3.3　提出试验假设

如果我们将试验比做一架飞机，那么试验想法就是驱动飞机一飞冲天的燃料。

页面和产品中有哪些因素的调整会对试验目标的改善产生影响？我们的试验想法从何而来？

举例来说，当我们通过数据统计发现活动页面的转化率只有 9%，并且借助用户行为热图发现影响关键转化行为的报名表单触达率在 28%~35%（见图 3-7），说明接近 70% 的用户在进入这个页面前已经流失了。那我们如何来改进这个情况？

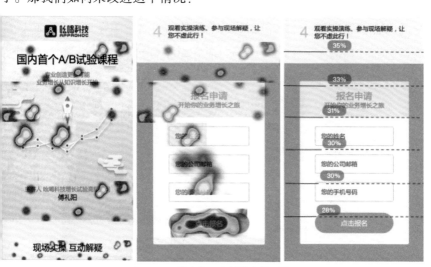

图 3-7　借助热图分析试验的页面

首先，从目标性价值主张入手，我们可以对活动页面中宣导的价值主张的文案做试验优化，让其更好地激发用户需求和兴趣，产生共鸣。

这里可以提出的试验假设是："一节课搞懂 A/B 测试"会比"国内首个 A/B 测试课程"这样的说法（见图 3-8）更能激发用户的兴趣，更符合用户的期待，从而更能聚焦用户的注意力，降低页面的跳出率。

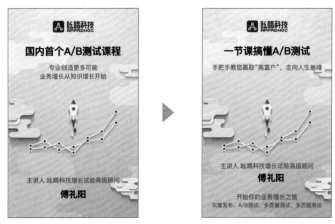

图 3-8　改变宣传文案

其次，借助热图可以发现，当用户到达第三屏报名申请表单时，用户的触达率已经低于 35%，那如果将关键的报名表单在页面中的位置从第三屏提升到第二屏（见图 3-9），是否会带来更多的报名转化？这也可以是一个很不错的试验假设。

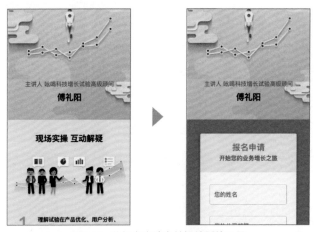

图 3-9　将报名申请表单提前到第二屏

最后，为了加快用户的响应速度，是否可以简化报名时的填写项（见图 3-10），从而降低用户的焦虑感，以获得更多的转化线索？

图 3-10　简化报名申请表单的填写项

试验假设的产生和试验方案的设计是进行 A/B 测试要面临的最主要的挑战。很多团队拥有庞大的试验样本和优秀的技术团队，但往往苦于没有试验想法，从而导致在 A/B 测试的路上举步维艰。通常，如果在试验的部署上没有错误，上线后也没有发生异常，那试验的假设就决定了试验的质量和效果。通俗一点说，我们可以将一个好的假设理解为为试验目标带来了正向的提升。如果你抓住了要领，找到了影响用户转化行为的关键点，那好的假设就会产生。我们可以建立一个有效的试验机制，定期组织试验例会，让参与试验的团队成员都为试验想法的产生出谋划策，想法越多，诞生好假设的概率就越大，并将这些试验想法和假设汇集起来，进行优先级排序，依次上线试验进行验证。

3.3.4　运行试验，验证假设

基于上述提出的一系列假设，我们要准备好被测试的版本，借助 A/B

测试工具来进行试验实施，包括创建和编辑试验版本、配置对照版本和试验版本的流量分配、设置优化指标、调试、运行等步骤。最终，不同的试验版本会按照设置好的流量比例，上线运行。试验运行后，用户会被采样分配到不同版本中。系统通过埋点会监测用户在不同版本中的转化行为，并上报数据，以供我们观察和对比不同版本对用户转化行为的影响。

运行 A/B 测试的具体操作将在 3.4 节中详细介绍。

试验运行后尽量不去改变你的假设和之前预先设定好的条件，否则会影响你对试验结果的解读，很可能产生决策方面的误差。

3.3.5 分析试验数据，做出决策

试验上线后，可以每天观察数据的表现。总体来讲，A/B 测试的试验结果通常会有三种：正向统计显著、负向统计显著和非统计显著，如表 3-5 所示。

表 3-5　试验结果举例

	均值（变化）	95% 置信区间	结果解读
情况 1	46.15%	[+35.4%，+56.9%]	正向统计显著
情况 2	−53.80%	[−62.3%，−45.3%]	负向统计显著
情况 3	0.20%	[−1.8%，+2.2%]	非统计显著

当 95% 置信区间的上下阈值同为正时，如 [+35.4%，+56.9%]，我们可以判定试验结果正向统计显著，说明试验版本相对原始版本能带来更好的转化效果，提升的范围估计在 35.4%~56.9%，我们可以将获胜的试验版本以全流量发布给用户，并在下次试验中尝试做类似的修改，乘胜追击使优化效果最大化。

当置信区间上下阈值同为负时，如 [−62.3%，−45.3%]，我们可以判

定试验结果负向统计显著。说明试验版本转化效果不如原始版本，它会带来更糟的结果，使你原本想要提升的指标下降至 45.3%~62.3%。如果我们是以 5% 或 10% 这样的小流量来进行测试，那一旦产生这种坏的结果，受影响的用户群体不会太多，只要立即将用户回滚到表现较好的版本中，就可以及时止损，这里也体现了小流量测试的重要性。同时我们也应该去分析造成这种结果的原因，是否存在用户因为旧习惯的影响产生首因效应？我们也可以通过观察不同维度下的细分数据来重新审视这个结果。

当置信区间上下阈值为异号时，如 [–1.8%，+2.2%]，表示原始版本和试验版本对优化指标的影响是没有显著差异的，说明你进行测试的内容和假设对指标的改变还不够敏感，你还没有找到影响用户转化行为的关键因素，所以可以保留原始版本，继续发现其他的测试机会并进行验证。

3.3.6 积跬步至千里，持续优化是关键

如果你问 A/B 测试的精髓在哪里，答案是持续优化，不断创新。你不可能通过一两个试验就获得了增长，保持良好的试验心态很重要。

无论是行业巨头谷歌、亚马逊，还是明星企业脸书、领英、Twitter，在它们的企业中每周都有上百个试验在运行。增长黑客的创始人 Sean Ellis 分享过这样一个故事：Twitter 是一家非常大的公司，有海量的用户数量。大概在 2010 年的时候，Twitter 的增长遇到瓶颈。后来新来了一个团队负责人，他说："我们几个月才做几次试验，这太少了；我们有 5 000 万的用户数，必须每周做至少十次试验！"加快试验的频率后，Twitter 产品迭代的速度越来越快，用户增长速度就提起来了。如图 3-11 所示，美国的某个团队在 10 周内做了 122 个试验，每一个试验带来的效果都不是很好，但是这 122 个试验的累计结果使关键指标提高了超过 1 000%。

我们不能忽视积累的作用，好比学习英文，贵在每天打卡坚持学习；锻炼身体，贵在每天保持一定的运动量；想成为一名优秀的作家，贵在每天坚持至少 4 小时的写作，当累计的点滴达到一定数量后，一定会迈向质的提升。做增长也是这样。

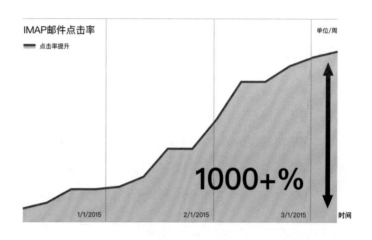

图 3-11　邮件营销的累计试验结果提升关键指标超 1000%

3.4　实战：从零开始一次 A/B 测试

本节我们以 3.3 节提到的一个方案来说明，如何完整地实施一次 A/B 测试。我们的试验假设如下："一节课搞懂 A/B 测试"会比"国内首个 A/B 测试课程"这样的说法更能激发用户的兴趣，更符合用户的期待，从而更能聚焦用户的注意力，降低页面的跳出率，目标是提升注册转化。这个试验方案（见图 3-12）可以通过吆喝科技的 AppAdhoc A/B Testing 可视化试验场景直接实现。我们根据试验假设，对 UI 层面的元素进行修改，然后选定追踪核心指标，就可以上线进行试验。这个试验方案不需要额外开发新代码，是一种非常高效的试验模式，在实践中经常用到。

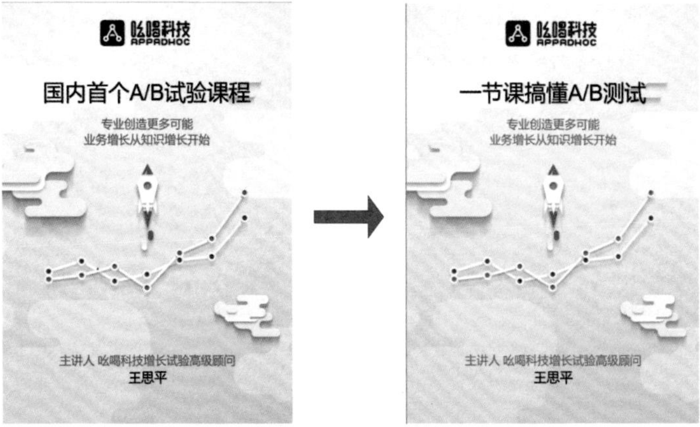

图 3-12　试验方案

A/B 测试的实施一共包括以下 7 个步骤：

1. 新建试验

输入网址 https://console.appadhoc.com 登录吆喝科技的后台，进入应用界面（没有注册过的新用户需要先完成注册才能登录）。首先单击“新建应用”按钮，这个应用就是我们的 H5 营销页面项目（见图 3-13）。

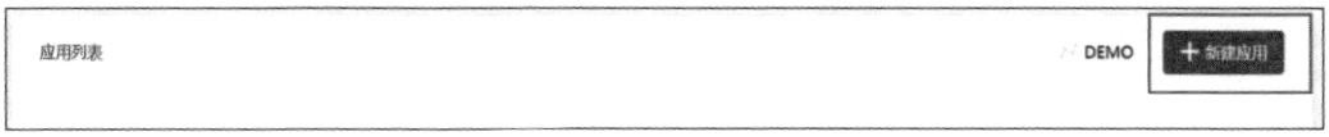

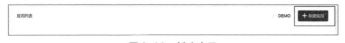

图 3-13　新建应用

注意应用的类型可以选择 Web、Android、iOS 或 LPO。本案例的项目是 H5 页面 Web 项目，因此我们选择 Web，输入应用名称“第一次 AB 测试”，单击“创建”按钮，如图 3-14 所示。创建好这个应用之后，我们可以针对这个应用做很多试验。

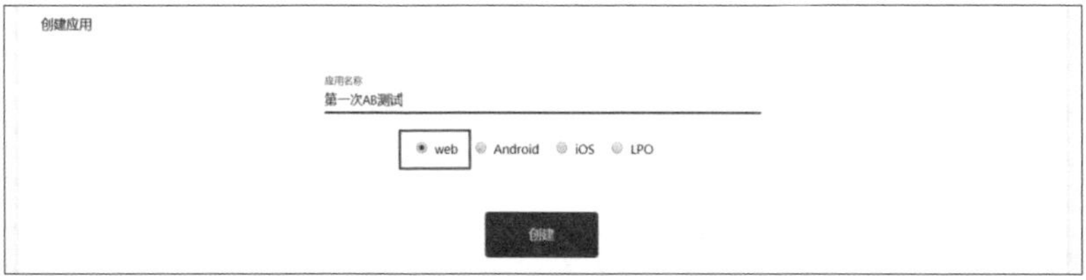

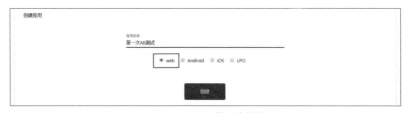

图 3-14　应用的可选类型

进入到应用的控制界面，我们选择"新建试验"。注意针对不同的试验场景我们有三种模式可选。本次试验需要使用可视化编辑模式，我们选择"可视化编辑"，单击"创建试验"按钮，如图 3-15 所示。

图 3-15　选择试验模式

进入创建试验界面后，我们输入"试验名称""试验说明"，默认选择"默认层"和完全匹配（本次试验不需要分层试验和特殊匹配），再输入需要测试的页面链接，如"http://www.appadhoc.com/"，如图 3-16 所示。

图 3-16　创建试验

2. SDK 集成

在进行任何试验之前，App 需要集成 A/B 测试 SDK（软件开发工具包）。对于 Web 应用，只需要在 H5 代码的 head 部分加上对应的 JavaScript 代码（见图 3-17）。这是一件一劳永逸的代码工作。App 里添加过 SDK 之后，就可以不断地进行 A/B 测试。SDK 可以自动处理 A/B 测试中的问题，包括试验采样、控制、试验状况分析、试验数据汇报等，也会确保在试验情况下用户体验不受影响。

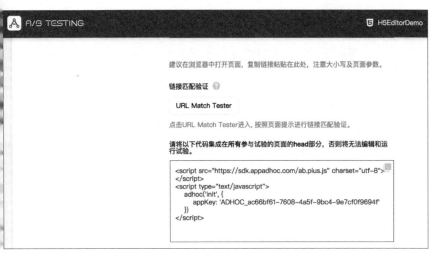

图 3-17　集成 SDK

3. 在线编辑试验版本

接下来我们会进入可视化编辑器，注意到自动创建的试验"版本 1"，以及作为对照组的原始版本（见图 3-18）。单击"+"号按钮，可以继续添加更多的试验版本。

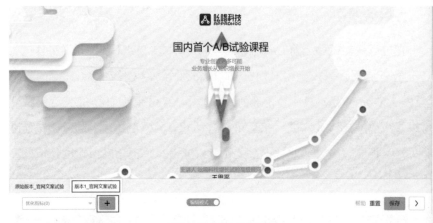

图 3-18　可视化编辑器

注意，我们是用 PC 浏览器打开这个试验页面的，而我们需要试验的是移动端页面场景。我们对浏览器窗口进行相应的缩放，即可看到移动端场景下的页面设计（见图 3-19）。

接下来，我们就可以在版本 1 中进行标题文案的修改。移动鼠标到"国内首个 A/B 试验课程"处，会出现蓝色选中框，说明已经选中该元素，可以对其进行相应的修改（见图 3-20）。

图 3-19　缩放浏览器窗口

图 3-20　选中要修改的文案

单击该位置，可以触发修改菜单。针对这个页面元素，可以试验修改的内容包括编辑文本、编辑节点（修改背景图、大小、互动效果等）、元素排列、元素缩放等。当然也可以对该元素绑定指标实现试验数据的自动汇报（见图 3-21）。针对本试验方案，我们只需要选择"编辑文本"命令。

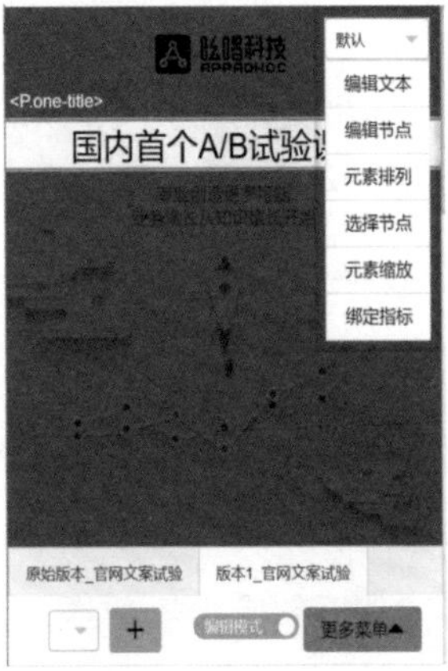

在弹出的对话框中将该元素的文案修改为"一节课搞懂 A/B 测试"，单击"确定"按钮，如图 3-22 所示。可以看到，版本 1 的文案已经被修改为"一节课搞懂 A/B 测试"（见图 3-23）。

图 3-21　修改菜单

这样我们就完成了试验版本的编辑工作。

图 3-22　修改文案

图 3-23　文案修改后

4. 创建优化指标

在成功创建版本 1 之后，下一步就是设定优化指标。注意，我们修改文案的试验目的是检验这个新方案是否可以提升"点击报名"的转化率。因此，我们滚动屏幕到第三屏，选中"点击报名"按钮。这个按钮可能被界面下方的编辑栏遮挡而不能完全显示，如图 3-24 所示。编辑栏如果干扰操作，可以单击"更多菜单"按钮，选择"收起"命令（见图 3-25），就

图 3-24　被遮挡的按钮

可以暂时隐藏编辑栏了，方便我们选中页面上的元素（见图 3-26）。

图 3-25　更多菜单

图 3-26　隐藏编缉栏后的界面

现在我们可以选中"点击报名"按钮（见图 3-27），然后选择"绑定指标"命令，新建指标名称为"BtClick"（见图 3-28）。

图 3-27　绑定指标

图 3-28　新建指标

这样，A/B 测试会自动追踪对照组和试验组里用户"点击报名"的平均次数和转化率。我们创建完版本 1 和绑定指标之后，单击"保存"命令退出编辑器（见图 3-29、图 3-30）。

图 3-29　单击"保存"命令

图 3-30　退出编辑器

5. 集成调试

注意试验方案配置完成之后需要进行集成调试。考虑到试验越多，调试工作就越多，我们专门为 A/B 测试开发出一套高效的调试工具。我们可以在集成调试界面分别选择原始版本和版本 1，单击"预览"按钮，分别进入到相应的版本，查看是否页面的呈现和我们的试验设计保持一致。然后我们可以单击绑定了指标的按钮，看试验数据是否可以正确上报。

当每个试验版本都经过这样的调试操作（见图 3-31），确认无误之后，才可以准备上线试验。

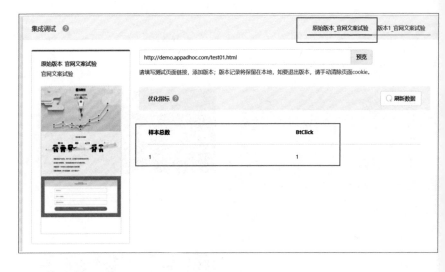

a) 原始版本

图 3-31　集成调试

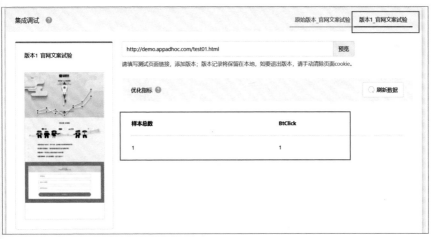

b) 试验版本

图 3-31　集成调试（续）

6. 调整流量，运行试验

因为试验一旦上线就会影响到用户体验，所以试验的上线运行需要仔细确认之后再进行。当我们调试无误之后，进入到"设置"界面，就可以启动 / 停止试验，以及调整试验流量了。

试验流量是我们期待进入试验页面的样本数量。样本是从总体用户流量中抽取的，A/B 测试系统会自动为每个试验组进行采样控制，确保试验结果科学准确。例如，该页面每天的访问用户数是 10 000，如果我们给原始版本分配 10% 的流量，给试验版本分配 10% 的流量，那么每天每个版本的样本数量大约可以达到 1 000 个用户。

对于流量调整（见图 3-32），我们建议两个版本流量同比例增加，这样可以得到尽可能好的统计功效。举例来说，我们可以在初始阶段分别给两个版本 1% 的流量。随后，如果试验结果一切正常，将两个版本分别调至 10% 的流量。

图 3-32　调整流量

注意，试验在开始运行后，我们也可以随时调整流量，所做的调整将会及时生效。比如，如果我们发现版本 1 的数据问题很大，我们可以立刻将版本 1 的流量归零，以减少损失。

当我们设定好初始的流量分配之后，就可以单击"运行试验"按钮（见图 3-33）开始运行 A/B 测试方案了。

图 3-33　运行试验

7. 试验数据判断及结束试验

试验开始运行后，我们应该实时关注优化指标的数据变化。试验数据的展示一般如图 3-34 所示。

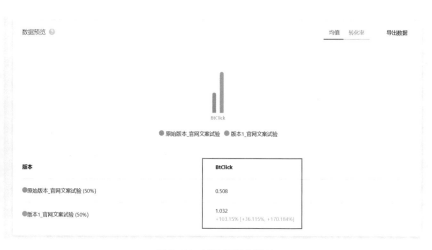

图 3-34　试验数据的展示

横向排列的是我们关注的各个具体优化指标，纵向排列的是每个指标的不同版本的对比结果，如图 3-34 中红框内呈现的结果。

下面，我们详细说明如何通过试验数据结果来判断不同版本的优劣。

试验结果由以下几部分组成：

1）**均值（Average Value）**指的是，对于该优化指标来说，试验版本比原始版本平均表现提升或下降了多少。如图 3-35 所示，试验版本比原始版本的平均点击量提升了 103.15%。

2）**置信区间（Confidence Interval）**如前文所述，是用来对一个概率样本的总体参数进行区间估计的样本均值范围。置信区间展现了这个均值范围包含总体参数的概率，这个概率称为置信水平。置信水平代表了估计的可靠度，一般来说，我们使用 95% 的置信水平来进行区间估计。简单地说，置信区间指的是指标的提升或下降有 95% 的可能性会落在的范围。通过观察置信区间，我们可以判断两个版本哪个好、哪个坏，或者是没有差异。

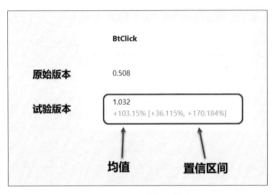

图 3-35　对比结果

对于置信区间来说，当置信区间的上、下限是同正或同负的时候，我们称为统计显著。只有统计显著我们才能得到确定的结论，判定哪个版本好，哪个版本差。如图 3-35 所示，对于指标 BtClick，试验版本比原始版本均值提升了 103.15%，置信区间是从 +36.115% 到 +170.184%，同正，统计显著，证明试验版本确实比原始版本在指标 BtClick 上有 95% 的可能性至少提升了 36.115%（置信区间的下限）。

当置信区间的上下限是一正一负的时候，我们称为非统计显著，此时无法判定哪个版本好、哪个版本差，认为两个版本无差别，如图 3-36 所示的这个指标。

对于指标 BtClick，虽然试验版本比原始版本均值提升了 3.25%，但置信区间是从 –47.408% 到 +53.913%，一正一

图 3-36　非统计显著的试验结果

负，非统计显著，这时候我们认为两个版本没有差别。

通常情况下，试验刚刚开始的时候置信区间都是统计不显著的，随着试验的持续运行，样本不断增加，置信区间会逐渐收敛。如果我们的流量很大，置信区间可能在几小时或者几天内就可以收敛到统计显著。但是，考虑到现实情况下用户在工作日和周末的行为不同，我们通常建议 A/B 测试运行 1~2 个自然周，以确保不会遗漏有价值的用户样本。

当置信区间收敛，我们确定了试验结果之后，可以单击"停止试验"按钮或者将所有用户调整到表现更好的版本，如给版本 1 分配 100% 的流量（见图 3-37）。

图 3-37　给胜出的版本分配更多流量

这样，我们就完整地实施了一次 A/B 测试。

之后，我们可以进行更多的 A/B 测试，来验证更多的试验想法，逐渐提升我们的业务指标。

第4章 A/B 测试的完整解决方案

4.1 行业：A/B 测试在各行业的应用

在前面的章节中，我们已经非常详尽地给大家介绍了 A/B 测试的背景知识和实践方法。A/B 测试这种通用的试验方法和工具在各个行业都有广泛的应用。本节为大家介绍 A/B 测试在各个行业的实践案例。

4.1.1 电商经典案例

图 4-1 是经典的电商业务转化漏斗。用户在电商平台通常会经历商品搜索—商品列表页—商品详情页—购物车—订单确认页—支付页等一整套流程。如果和 AARRR 模型（见附录 A）结合，电商便可以做很多场景的 A/B 测试。

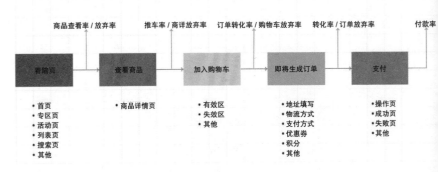

图 4-1 电商 A/B 测试场景

如果以"始于颜值，敬于才华，合于性格，久于善良，终于人品"来形容电商的购物流程，那么当用户点开商品详情页时，我们应该尽可能完美地展现商品的"才华"，因为这是用户在众多商品中因为"始于颜值"而做出的选择。下面我们将介绍微软官方商城的 Surface 商品详情页的改版案例。图 4-2 是我们经常会看到的商品详情页，首屏中的内容包括：售价、详情概览、促销信息、可选配置、商品预览等。

图 4-2　商品详情页的原始版本

　　针对这些烦琐而又必须呈现的内容，微软官方商城做了一个试验假设：如果把售价、详情、促销信息的位置做一些调整，是否会对页面转化有影响。而需要考核的转化指标，就是加入购物车的行为。为此设计了以下三个试验版本，如图 4-3~ 图 4-5 所示。

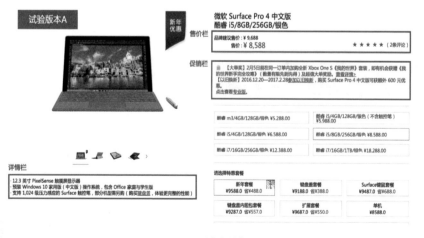

图 4-3　试验版本 A

图 4-4　试验版本 B

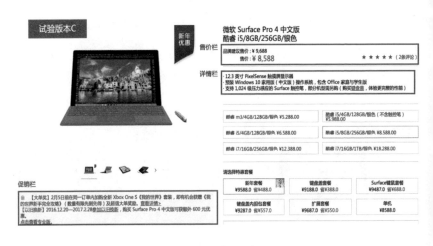

图 4-5　试验版本 C

使用 A/B 测试，让上述四种商品详情页同时上线，切割流量使不同用户看到不同的页面，最终结果是试验版本 A 在加入购物车的转化上，比原始版本提高了 65.8%，因此产品部门将此版本推广到全部流量，作为页面迭代优化的最终方案。

在电商转化漏斗的各个环节都可以使用大量的 A/B 测试来优化转化率，提升销售额。

4.1.2　金融经典案例

大部分互联网（以及"+ 互联网"）金融公司的痛点是高流量下的低转化率，这是因为互联网金融用户的特征与其他行业存在很大的不同，主要表现为：流量转化率低、客单价高、购买行为的强周期性以及购买行为的强特征性。所以如何提高用户运营效率便成了此行业的重要话题。

哪些创新试验可以帮助在线金融业务增长呢？主要可以从以下三个方面考虑：获取可能购买的目标用户、在所有用户中找到最具价值的用户、对价值用户做针对性运营以提高转化率。

由此可以知道，互联网金融企业应该更加关注用户留存，关注用户希望在产品上获得的核心价值，关注用户的核心操作指标。一般的转化流程是：查看产品列表页、点击列表产品、查看产品详情页、产品确认的点击、产品确认成功。

下面以"产品确认的点击"为场景（见图 4-6）举例。

在原有设计中，主要的提现转化按钮文案是"去绑卡"，试验设计改为"马上提现"。用 A/B 测试的方法让两个不同版本同时在线，试验结果是新的版本在"马上提现"的点击转化方面提升了 8.9%，实际绑卡成功的转化提升了 5.3%。

A/B 测试的主要价值是在于验证假设，同时也促使我们做归因分析，更好地理解用户需求。此案例给到我们的启示是：原本设计的"去绑卡"

加大了用户对产品的操作成本和焦虑感，同时价值主张不够明确。作为用户来说并不知道绑卡后可以做什么，还以为只是商家为了获取绑卡资料。而新版本"马上提现"，价值主张明确，用户感召明显，最终在点击和转化上均有提升。

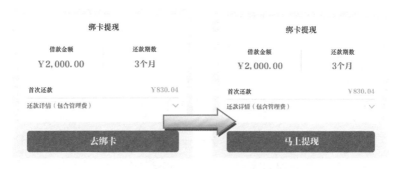

图 4-6　"产品确认的点击"场景的 A/B 测试

我们再以用户拉新为场景看一个广告着陆页的案例。

图 4-7 是平安证券在广告投放时设计的两个不同的着陆页，目的是引导用户下载 App 自助开户。可以看到在两个版本中都强调了"平安证券网上开户，万 2.5 佣金"。但是图 4-7a 展示的版本以灰白色为主色调，CTA 按钮是更为醒目的红色；图 4-7b 展示的版本保持了平安橘红色的整体色调，CTA 按钮也色调一致。

采用 A/B 测试的方法，广告投放时两个版本的着陆页同时在线，试验结果表明，较图 4-7a 的版本，在用户下载 App 的转化上，图 4-7b 的版本提升了 26.4%。由此得出的洞察是：对平安证券的用户群体来说，更为统一、更加与自身企业基调保持一致的设计，能带来更高的用户转化。

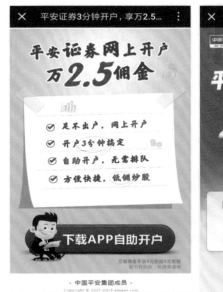

a）旧版　　　　　　　　　b）新版

图 4-7　金融公司 App 的两个不同的着陆页

4.1.3　教育经典案例

如果认为传统的教育机构有门槛等级的限制，那么互联网化的在线教育在一定程度上则实现了教育面前人人平等的想法。

教育是永不过时的话题，随着互联网的发展，教育培训企业也逐步线上化、移动化，然而，庞大的用户需求并不意味着参与其中的企业都能实现业务增长。

随着新闻门户、百度联盟、微博红利的结束，很多企业都陷入了线上流量贵、获客成本高、用户数量增长接近天花板的困境。此外，用户的使用场景碎片化，注意力极度分散，每天被海量广告轮番刺激，很难再被激发起购买兴趣。

结合在线教育行业的业务场景来看，用户获取流程（见图 4-8）可概括为：从分层推广渠道获取流量（如通过百度关键词、信息流广告投放以及广告牌展示等线上、线下的曝光推广吸引更多用户的注意），将用户引导到不同创意的着陆页，激发用户兴趣进而引导用户完成注册。之后用户会查看课程详情，选择需要的课程后发起购买流程（如向客服咨询或直接留下销售线索等待销售人员的联络），最终完成购买行为成为客户。

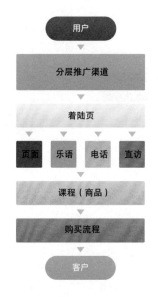

图 4-8　教育培训行业用户获取流程图

下面我们以大部分在线教育企业最为关注的用户获取来举例。

某在线教育企业的产品在移动端的推广效率成为其市场和产品部门非常重视的核心指标之一。为了促进投放 H5 页面的转化率，进一步提高用户的购买转化，产品部门决定通过 A/B 测试找到确定的优化方案。

如图 4-9 所示，我们可以看到两种设计版本主要的改变在于将"60 万好老师"改为"名师 1 对 1 辅导"、将"预约免费试听课"改为"寻找自己的 1 对 1 老师"、将"免费试听"改为"快速预约"，其余元素基本保持不变。

图 4-9　招生推广页面的两版设计

　　在移动端进行广告投放后的试验结果非常有意思，在页面按钮的点击转化方面，原始版本比试验版本高 10%，而在后续的实际购买转化方面，试验版本则比原始版本高出 9%。对于此试验结果，需要结合自身企业发展阶段来评估最优版本。如果处在产品刚起步阶段，此时需要更多地拉新用户，那么原始版本更好，因为能获得更多潜在用户的资料；如果产品发展到一定阶段，更关注的是用户付费转化和客单价等指标，那么试验版本更好，因为可以带来更多订单。

4.1.4　旅游经典案例

　　近些年来，航空服务和旅游服务越来越呈现出一种相互融合的态势。一方面，国内三大航空公司（国航、南航、东航）引领"提直降代"大势，同时国内各家航空公司也在厉兵秣马，不断寻找个性化增值服务等新增长业务。另一方面，国内 OTA（在线旅游社）、旅游、租住行业，逐渐形成少数几家独大，同时垂直领域百花齐放的格局。可以看到，航旅公司已经进入了拼服务的时代，哪一家公司的服务更贴合不同类型用户的需求，同时可以更加便捷地呈现给用户，并根据用户情况提供更多定制化的内容，便会是该家航旅公司在未来形成特定优势的关键因素。

首先，我们来看一个航空公司通过个性化信息提升营销效率的案例。

意大利航空公司，针对意大利和英国两个市场做了一次获取用户邮箱的营销 A/B 测试。该公司利用网站弹窗形式，通过宣传添加邮箱地址的好处（有特别机票优惠等），以期获得用户的电子邮箱地址，如图 4-10a 的版本 A 所示。对于该弹窗页面，营销人员做了另一个变种，如图 4-10b 的版本 B 所示。版本 A 只收集用户的邮箱，而版本 B 则包含一个下拉菜单，提示用户选择最喜欢的机场。测试的目标是用户发送邮箱的转化率。这两个版本分别在意大利市场和英国市场进行了测试。

a）测试前　　　　　　　　　　　　b）测试后

图 4-10　航空公司营销试验对比

传统观点会认为，每增加一个表单字段，都会引起转化率下降。也就是说，一个表单字段通常都会优于两个表单字段。那么试验结果如何呢？

试验结果显示，在 99% 的置信度下，在意大利市场中，版本 B 以压倒性优势获胜，转化率提高了 80.9％。但在英国市场中，版本 B 是明显的输家，其比版本 A 的转化率低 81％。

从试验结果来看，第一个结论是，不要盲目地信任经验的判断，在意大利市场中，增加了表单字段极大地提升了转化率；第二个结论是，每个国家用户的诉求有所不同，如果你只看其中一组试验，很难正确地推断另一组试验的结果。

出现这样的结果，很大一部分原因是不同地域的用户属性不一致。意大利的用户非常在意企业对顾客的额外关心。因此，意大利用户会将这样一个额外的表单字段看作网站为创造个性化用户体验所做的努力，因而版本 B 的转化率较高。而在英国，用户则将额外的表单字段看作一项额外的负担。

不仅是在营销领域，在产品层面，推荐算法可以说是现在应用比较普遍的创造个性化用户体验的方式，好的推荐算法可以创造出无与伦比的价值，从而促进用户的不断转化。下面这个案例就是国内某 OTA 网站在这方面做的一个 A/B 测试的案例。

用户点评在产品的展示中占据越来越重要的位置。点评会给予用户恰当的参考信息，协助用户进行决策。

产品团队尝试对默认展示的酒店点评重新调整推荐排序方式，期望新的方案可以实现更高的用户订单转化。如图 4-11a 所示的原始版本采用了按日期排列的方式，如图 4-11b 所示的试验版本则按照新的推荐体系排序（以用户等级、评论字数、评论时间等加权得到），测试两种方式哪一种可以带来更高的订单转化。

a）原始版本   b）试验版本

图 4-11　用户点评的试验对比

试验结果显示，试验版本与原始版本在订单转化上并没有差异，但在用户的点评访问度上提升明显。这一方面说明了新的点评推荐方式确实更能够帮助到用户，另一方面也给产品团队指明了一个未来的优化方向，也就是如何能够将点评的优势转化为订单量提升。

4.1.5　消费品牌经典案例

在互联网业有一项共识，即消费品牌是稳定的流量来源。通常线上流量来源大致可以分为三种：天然流量（微信、官网、App 等）、媒体内容流量（媒体、自媒体）和广告采购流量（各类型广告，如搜索竞价、信息流、视频贴片等）。最早的 SEM（搜索引擎营销）、SEO（搜索引擎优化）以及这些年兴起的 DSP（需求方平台）、feeds（信息流广告）等，是以效果为导向的营销方式。

流量来自品牌，品牌即流量。那品牌从哪来？品牌来自定位。定位如何确认？需要靠符号的传播。符号如何传播？现在无论是移动互联网还是线下传统行业，我们的视听总是充斥着各类广告推销，这就是符号生长发芽的地方。在以前，品牌、营销和产品部门可能是各自为政。但在移动互联网时代，品效合一越来越被人们所重视。品效合一的原因在于流量太贵，品效合一的前提在于，移动互联网让成交的链条更短，而这也意味着迭代的频次提高了，为不同部门的融合协作打下了基础。当流量贵了，注意力稀缺了，也就意味着你需要在很短的时间，以尽可能多的方式把用户的口袋翻个底朝天。最简单的例子就是，无论你是在等地铁刷手机，还是在电梯里发呆，或是在厕所里看笑话，每个角落里总有一个二维码在等着你。如何保证用户打开扫二维码的工具时，能怀着愉悦的心情，在无聊时下个单？在品牌 H5 官网里多待一会儿？看看下面两个奢侈品牌是怎么做的吧！

某著名法国消费品牌在 5 月 20 日这个特殊的日子里准备了"520 系列，只为完美挚爱"的推广活动，并提前在线上发起了预热的活动帖。产品设计部门提供两套页面方案，希望通过 A/B 测试确定转化率高的版本并上线，如图 4-12 所示。

该品牌的市场人员希望通过这次投放观察两个不同交互方式的广告着陆页带来的点击转化率。通过对比不同方案的数据表现，选出转化率更高、综合反馈更好的版本作为本次广告投放的最终设计方案，让这次投放收益最大化。

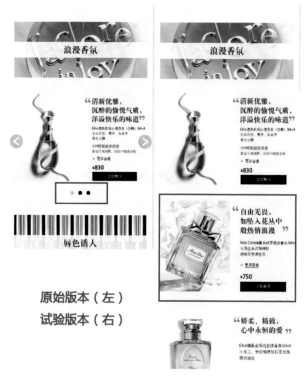

原始版本（左）
试验版本（右）

图 4-12　消费品牌商品陈列的试验对比

　　我们可以看到原始版本的产品展示方式为滚动 banner（横幅），用户在扫二维码后进入品牌主题广告页，左滑或者右滑屏幕来切换产品展示；而试验版本的产品展示方式为瀑布流形式，用户可向下滑动页面查看所有产品。本次试验关注每个 SKU（库存量单位）的点击和转化人数。最终经过 3 天试验，瀑布流形式的"立即购买"的转化率提升达到了 15%，这意味着，在线上媒体投放的品牌广告，每展示 100 次，就有 95% 的可能可以带来再多 15 次的购买点击。通过这次试验，此品牌的营销人员一次印证了：在复杂的、充满噪声的移动使用环境中，"Don't make me think"（不要让用户思考），简单、清晰的交互仍然是提升转化率的利器。如果你没有时间来做试验，最好记住这个结论。

　　如果"双十一"期间不想在天猫、京东凑热闹，或是怕买到二手货，消费品的品牌官网也许是另外一个好选择，你是不是在某个瞬间凭借着记忆和搜索引擎，偶尔来到了品牌的官网首页？ 在 2019 年，品牌官网早就不是想象的那样单纯起品宣作用的了，极有可能，你和其他人看到的品牌官网是不一样的，如下面的某个奢侈品官网页面，如图 4-13 所示。

a）第一个人看到的页面

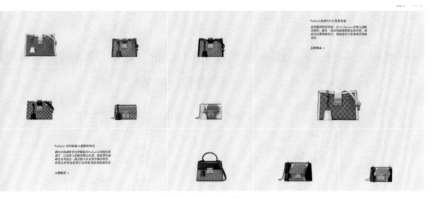

b）第二个人看到的页面

图 4-13　奢侈品官网的试验

　　除了页面布局，两个人看到的页面是不是大相径庭？没错，这其实是此奢侈品品牌网站在某个时期的一次试验。经过 7 天时间，采样了 5

万个试验样本后，发现图 4-13b 版本的页面能提升 12% 的转化率。根据置信区间来看，试验结果科学有效。

当用户相信你的品牌，举起手机扫二维码的那一刻，以及在搜索框内输入品牌关键字的一瞬间，请用试验"抓住"他们，让他们操作更便捷，看到他们熟悉或喜欢的内容。

4.1.6 其他行业（UGC、PGC、媒体网站、SaaS）

1. UGC 和 PGC

伴随着全民智能手机时代的到来，各种社区、论坛纷纷转战到移动平台，同时由于 4G（第四代移动通信技术）普及和通信资费的大幅下降，大量产品由工具型切入短视频领域。UGC 领域的竞争进入白热化阶段。UGC 最重要的特质在于需要大量的活跃用户才能使自己立于不败之地。

从长期来看，UGC 产品面临两个问题，一个是如何保持用户黏性，另一个是如何变现。

我们先来看前者，图 4-14 是两个 UGC 平台的用户粉丝折线图，其中，A 平台和 B 平台哪个平台的用户黏性更高呢？

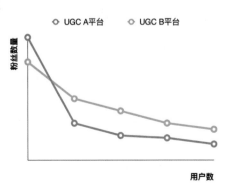

图 4-14　用户粉丝折线图

　　仔细分析，我们可以发现 B 平台（绿色曲线）的用户黏性更高，A 平台有大量粉丝，但是伴随着许多大 V 的离开，后面的用户会越来越少。而 B 平台的腰部用户比较多，所以不用担心其他平台挖走大 V，而且用户之前互相关注和互动的概率更大。长此以往，胜负已分，优劣已定。那么有了已定量的用户后，我们如何让用户黏性增加呢？看看下面这个母婴社区的例子，如图 4-15 所示（为避免泄露敏感信息，图中字已加马赛克）。

试验版本

图 4-15　母婴社区

　　某母婴论坛发现在帖子的评论区里点赞的用户，其留存明显高于那些不点赞的用户，那么如何提升用户的点赞转化呢？产品人员决定将点赞比较多的前三条帖子整理成"精彩回帖"置于评论列表内，当然假设这样可以提升用户的黏度和留存，经过 2 周试验，果然验证了这个想法。于是全量上线了这个想法。

在试验驱动 UGC 社区的例子中，也不全是积极的，某著名体育社区则出现截然不同的试验情况。某体育社区有很多不同的产品版块，其中新闻和论坛的列表显示方式不一致，新闻版块列表一直是左侧有图片的版本，而论坛版块列表是纯文本的版本，如图 4-16 所示。

图 4-16　体育社区显示方式的试验

注：为避免泄露敏感信息，图中字已加马赛克。

产品设计人员充分发挥主观能动性，认为修改 UGC 论坛的列表会带来更多的人浏览论坛的帖子，于是他们使用 A/B 测试的方式将论坛左侧也加上了相应的图片，然而正如我们前面所说的，结果是不尽如人意的，加了图片的论坛列表总点击率下降了 4%。这次试验提醒我们：用户对于不同的产品使用有固有的习惯和认知，一些新的想法最好还是付诸"试验"。

上面两个是 UGC 平台试验改版后是否提升用户黏性的例子，下面介绍变现问题。UGC 最大的变现手段是广告或者游戏分发，如图 4-17 所示是一个类似头条的 PGC 产品如何在广告方面"做文章"的。

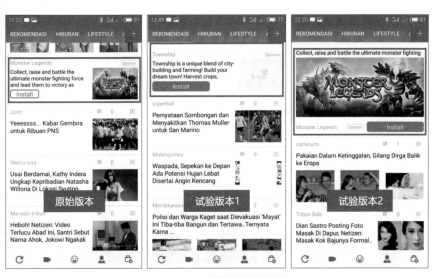

图 4-17　PGC 的变现方式试验

作为一款类似"头条"的产品，如何优化变现的方式是一件需要谨慎考虑的事情，如果盲目增加广告，或者加大广告尺寸，很容易导致用户离开而进入竞争对手的怀抱，所以就有了如图 4-17 所示的试验过程。该 PGC 的广告呈现方式分成三种：左右结构的原始版本，广告文案和图片分别位于左右两侧，转化按钮为透明底＋蓝色字体；试验版本 1：左右结构，相比原始版本，将转化按钮调整为蓝色底＋白色字体；试验版本 2：上下结构，将广告图片放大置于中部，同时改变转化按钮为蓝色底＋白色字体，将广告的点击量和用户在应用内的停留时间作为衡量改版是否可用的指标。

经过三个星期的对比，两个试验版本的广告点击率均优于原始版本，其中试验版本 1（右侧放小图）的点击率提升了 12%，试验版本 2（中央放大图）的点击率增加了 25%。同时该 PGC 关注了不同试验版本的用户留存，发现并没有什么明显变化，所以最终放心发布了优胜版本。同样，UGC 行业做广告也是有很多讲究的，小心才能使得万年船。

2. 媒体网站

传统的媒体网站通常作为提供权威信息的互联网媒体渠道，不能被忽视，试验驱动的思维也在有些传统媒体网站生根发芽了，我们一起看看传统媒体网站的详情页留存试验，如图 4-18 所示。

a）图片新闻详情页

b）九宫格形式

图 4-18　传统媒体网站图片新闻排版的试验

图 4-18a 是某传统媒体网站的图片新闻详情页，由于大部分流量是通过主流媒体渠道分发跳转而来的，为了留住更多的用户，所以在图片浏览过程中使用了一些"小计谋"，将末页的缩略图直接连到下一个图集。

但长期以来，产品和运营人员都觉得这样做是有悖用户体验的，没有一种主流媒体结束的"仪式感"（主流媒体是一个九宫格形式，如图 4-18b 所示，由用户自己选择下一个图集或是跳出作为图片结束），于是产品和运营人员抱着谨慎的态度，对两种方式进行了试验。结果告诉他们，盲目跟随主流媒体的交互方式，会大大降低详情页的用户留存，进一步降低相关广告产品的曝光和转化，这是所有人都不愿意看见和接受的结果，所以产品和运营人员终止了这次试验，一直沿用原有的设计，把精力投入到其他的"优化战场"。

3. SaaS 云服务

SaaS（Software as a Service，软件即服务）是随着互联网技术的发展和应用软件的成熟，在 21 世纪开始兴起的一种完全创新的软件应用模式，它与 on-demand software（按需软件）、ASP（the application service provider，应用服务提供商）、hosted software（托管软件）有相似的含义，是一种通过 Internet 提供软件的模式。厂商将应用软件统一部署在自己的服务器上，客户可以根据自己的实际需求，通过互联网向厂商订购所需的应用软件服务，按订购的服务多少和时间长短向厂商支付费用，并通过互联网获得厂商提供的服务。用户不用再购买软件，而改为向厂商租用基于 Web 的软件，来管理企业经营活动，且无须对软件进行维护，服务提供厂商会全权管理和维护软件，厂商在向客户提供互联网应用的同时，也提供软件的离线操作和本地数据存储，让用户可以随时随地使用订购的软件和服务。对于许多小型企业来说，SaaS 是采用先进技术的最好途径，它消除了企业购买、构建和维护基础设施和应用程序的需要。

SaaS 云服务公司或者是企业服务的产品在优化时最大的特点有两个。

第一个特点是 SaaS 和企业服务产品的官网是流量最大的承载页，其核心的任务是留下有用的注册线索，方便电话销售进而约定形成下一步转化；第二个特点是这类产品的官网虽然已经是其最大流量入口，但是对于 A/B 测试来说，官网的流量很有可能仍然"捉襟见肘"。因此，如果 SaaS 或企业服务产品只能优化一个地方，那一定是注册页面。

北森的注册页面是当前获取销售线索的重要来源，目前的获取方式是：用户访问北森官网，通过单击"获取演示"按钮，进入并提交相关信息。市场团队基于现有注册页面布局，设计了一个新的展示方式，如图 4-19 所示：

- 原始版本：视频在注册页面左下方，表单顶部没有文案。
- 试验版本：将视频移至页面左下方，并在表单顶部增加了一段文案"完善以下信息，您将免费获取产品的演示"。
- 本次试验的主要目的是通过改变注册页面的布局和文案，观察优化后的页面对用户注册转化率的影响是否积极，以确定最有效的获取销售线索的方式。

经过 10 天的试验周期，市场团队分析数据后发现，重新调整布局后的注册页面数据表现更好，相对原始版本，试验版本的优化指标呈现统计显著的结果，并且提升的幅度非常显著，点击率的提升达到近 150%，转化人数的提升达到近 130%。

推测原因可能是视频会将用户的注意力从"获取演示"注册表单上移开，优化后的页面布局可以更突出地展示页面的核心，即用户信息提交表单；因此，产品部门决定全量上线优化后的官网注册页面。**上面的经验给我们的启示是：在流量比较低的 SaaS 或企业服务产品中，A/B 测试试验的最佳实践是试验版本变体改变最好大一些，周期最好长一些，很可能会有显著的结论。**

图 4-19　SaaS 网站获取销售线索的试验对比

4.2 场景: A/B 测试在各种业务场景中的应用

在 4.1 节中我们介绍了不同行业是如何利用 A/B 测试来实现创新和业务的增长。当我们从一个公司内部去看时,应该如何将 A/B 测试这种"黑科技"运用到极致呢? 通常作为一个互联网公司或"+ 互联网"的公司都有与如图 4-20 类似的架构。

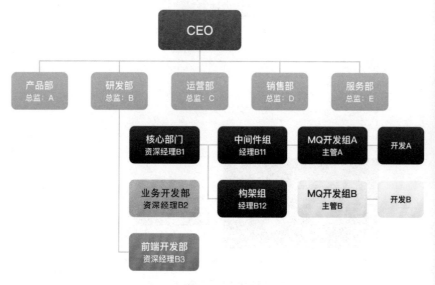

图 4-20　互联网公司典型的组织架构

每个部门都存在使用 A/B 测试的应用场景。

- 在市场部门的人,一定会关注: 如何策划营销活动最高效? 花了钱,如何保障市场推广效果?

- 在产品部门的人,一定会关注: 我设计的流程是不是能带来最高的用户留存? 我设计的详情页是否能让用户一眼就找到他想要的信息?

- 在运营部门的人,一定会关注: 我花了 2 天,改了 5 遍稿件的内容,用户会看一眼就点进来么? 怎么选配图才好呢?

- 在后台服务开发的人，一定会关注：页面总是被讨厌的广告劫持怎么办？是不是该将通信协议从 HTTP 换成 HTTPS ？页面加载性能不会有问题吧？

- 今日今时，大家都在通过用户画像做内容推荐，那么作为推荐算法团队的一员，怎么衡量推荐算法或模型的好坏？

在下面的内容中，我们分别将上面各个角色所关注的内容拆解成着陆页、App、网站、服务端技术优化和推荐算法的优化场景展开介绍。

4.2.1 着陆页优化

着陆页是市场部门做线上、线下营销活动获得的用户所汇聚的页面。

通常，着陆页上各种信息潜在的目标是发掘并收集潜在用户的消费意愿，目的是将访问者转化为潜在客户，根据收集到的信息继续跟进。着陆页为访问者提供了一种"目标超明确"的访问体验：通过呈现一个特定页面，为他们指出一条明确的路径继续加深与网站的关系。

举两个例子，有如图 4-21、图 4-22 所示的两个着陆页。

图 4-21　常见的某汽车厂商获取销售线索的着陆页

图 4-22　美国前总统竞选时期候选人募集捐款的着陆页

由这两个例子可以看出，一个标准的着陆页，通常包含以下四个要素：

（1）背景图；

（2）主标题、副标题；

（3）表单；

（4）CTA（Call To Action）按钮。

1. 对着陆页四个要素的优化

针对着陆页的四大页面元素进行不同设计的 A/B 测试是最常见的试验场景。

以图 4-22 的着陆页为例，在以此页面设计为对照组的基础上，奥巴马竞选团队设计了 5 个不同的试验版本（见图 4-23）：

分别将主标题"参与进来"（GET INVOLVED）修改为"相信我们可以改变"（CHANGE WE CAN BELIEVE IN），背景图由原来的单人黑色西装，换成了亲民、干练的白色衬衫、家庭合照和三种视频。

图 4-23　原始版本和 5 个试验版本

　　分别将 CTA 按钮由原来的"注册"（SIGN UP）修改为"马上加入我们"（JOIN US NOW）、"了解更多"（LEARN MORE）、"马上注册"（SIGN UP NOW）（见图 4-24）。

图 4-24　CTA 按钮的改变

　　通过 A/B 测试，竞选团队最终发现"家庭合照"图片 + "了解更多"按钮 + "相信我们可以改变"文案的组合试验版本赢了其他版本（包括对照组），成为最终的竞选着陆页（见图 4-25）。

图 4-25　转化率最高的获胜版本

A/B 测试的试验结果显示，这个版本的着陆页的注册率达到了 11.6%，相比原始版本的 8.26% 提升了近 40.6%（统计功效足够，意味着试验结果非随机性，推向 100% 流量也是这种效果）。这个幅度的提升意味着什么呢？让我们简单算一下，如果奥巴马竞选团队不做这个 A/B 测试，那么最终不会有 1 000 万名用户在这个着陆页完成注册，而只能得到将近 712 万名注册用户，比真实结果减少 288 万个邮件注册。这对于整个营销效果而言将是巨大的损失。在这个着陆页上注册转化的用户中还会有 10% 的用户可以转化为竞选志愿者，这就意味着此次试验还多转化了 28.8 万个志愿者。在完成注册转化后的用户平均还会在竞选期间捐献 21 美元，那么由于 A/B 测试获取到的 288 万人，带来了约 6 000 万美元的捐赠！

2. 增加权威认证和用户证言

给着陆页增加权威认证和用户证言也是常见的试验。

实现权威认证和用户证言，非常有可能全面提升着陆页的转化率。过往的试验数据显示增加权威认证和用户证言通常可以使着陆页转化率提升 40%，使表单填写完成率提高 80%。

从根本上来说，作为一个着陆页的设计者，你必须告诉第一次偶然到来的访问者这些信息：你的业务是值得信任的，你不会骗走他们的血汗钱，并且在此之前已经有其他用户信任了你们。此时用户才有可能敞开心扉，迈向下一步。

除非能有非常权威的机构做信任背书，否则强烈建议你使用用户证言多过信任背书，这样做不仅是为了向访问过着陆页的用户传达出你是有真正的客户这一含义，也是因为新到访的客户信任为你写证言的用户多过信任着陆页的描述。

举个着陆页的例子，如图 4-26 所示为没有添加用户证言的着陆页。

图 4-26　没有添加用户证言的着陆页

注：为便于阅读，已将原英文页面翻译为中文页面。

在给这个着陆页加入用户证言后，页面如图 4-27 所示。

图 4-27　加入用户证言后的着陆页优化版本

注：为便于阅读，已将原英文页面翻译为中文页面。

这样的改动值得做一个 A/B 测试来看看会不会提升着陆页的转化率。

3. 你的着陆页的 SEM 气味对么

搜索引擎是着陆页的重要流量来源，用户在使用搜索引擎时，像一只警觉的蹦蹦跳跳的松鼠，一旦有风吹草动，他们马上就会点开别的页面而流失掉了。

看看下面的案例，某培训班购买了关键词"考研英语"，如图4-28所示。

图 4-28　购买了关键词

用户一旦点击广告进入，看到的着陆页如图4-29所示。

图 4-29　着陆页 1

这个着陆页的内容和考研英语有关系么？投放链接者由于某种原因将产品的首页投放了出去，用户想要找到自己的门类需要再搜索一次。满心希望学习考研英语的客户可能会大失所望，就退出了。

点击 SEM 排名第二的广告，进入的页面如图 4-30 所示。

图 4-30　着陆页 2

通过 A/B 测试可以发现，加强了 SEM 关键词和着陆页之间的相关性后，转化率据统计可以提升 30%。当人们在搜索的时候，会在头脑中把处理事情的框架转换成模式匹配的框架，处理事情比做模式匹配花费更多的时间、精力，在网络上搜索的人们并没有那么多时间用于自己处理事情，他们只是需要尽快找到他们的目标，然后转向下一个任务。

4.2.2　App 优化

与着陆页不同，App（移动应用）和小程序应用是一个更加复杂的互联网产品，App 里有更多的 A/B 测试场景。

1. App 激活、登录、注册

1）试验思路一：使用第三方登录

无论承认与否，用户都越来越"懒"了，对他们来说，跳出也许就在一念之间，所以你需要尝试是否能让用户第一眼就看到社交登录。图 4-31 是小尾巴翻译官结合自己的业务和用户特点通过做一系列 A/B 测试得出的最佳注册/登录方案。

a）快速登录   b）社交登录

图 4-31   注册/登录方案

你的 App 呢？微信登录＋微博登录会不会提升激活转化率？把"服务条款"弱化，甚至隐藏，会不会有助于用户集中注意力？这些都是值得测试的细节。

注意，在做这样的试验时，可以对比这两个指标：用户点击率和转化人数。

2）试验思路二：只在需要注册的地方注册

不要强迫用户做决定，大多数用户都喜欢不需要登录就可以（一定程度上）使用的 App。除非这个 App 的所有功能只能对注册用户开放。建议你不要尝试一开始就让用户登录，如果一定要让用户登录，你可以选择做类似如图 4-32 所示的试验。

a）某资讯类 App 要求用户首 　　b）某 App 要求在评论时候登录
次访问时登录

图 4-32　在需要注册的地方注册

（1）用户登录的时机：是在完成某些行动后登录，还是之前？

（2）是否可以告诉用户为什么要登录，登录有什么好处？

在类似这样的试验中，建议关注以下指标：登录成功人数、登录成功率、评论或点赞率、评论或点赞人数。

3）试验思路三：合并注册和登录

在碎片化时间如此珍贵的今天，冗长的表格、设置密码，都是转化路途中的拦路虎。

如果一定要用户第一次使用 App 就完成登录，可以尝试将注册和登录的流程合并，如图 4-33 所示。

图 4-33 合并登录流程

在这样的试验中，可以对比以下指标：登录成功人数和登录成功率。

2. App 留存和核心业务数据

App 与网站产品不同，用户选择安装（或者卸载）一个 App 会更加谨慎。App 用户要么留存，要么失去（见图 4-34）。"不留存，就会死"，互联网产品界流传着这样一句骇人听闻的话，可见留存率是 App 产品的核心指标。如图 4-35 所示为安卓上 App 的用户留存曲线图。

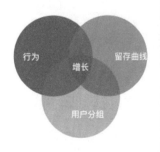

图 4-34 留存和增长的关系

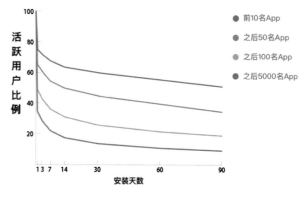

图 4-35　安卓用户留存曲线图

App 留存的定义为"在一定时间内用户返回 App，再次打开应用或软件"。这个定义是基于用户初次登录行为的。对于某些产品来说，这个定义已经很有意义了。例如游戏，用户登录就是玩游戏的。但是对于另外一些产品，这样的定义可能非常不准确。例如，有一个云服务公司的主要业务是为开发者提供后端的接入服务，这样开发者只需要发布自己的前端产品就行了，但是却有部分用户另辟蹊径，使用其免费服务实现上传文件生成线上地址。当这部分用户逐渐多起来，简单的登录和注册行为，就完全不能说明产品的留存了。

3. 针对关键行为做 A/B 测试

因此，通过数据分析发现 App 的关键行为和留存的关系，并对如何促进用户达成关键行为，对于提升 App 留存来说至关重要。

例如一个社交 App 发现，每当用户关注了 6 个以上的用户后，他 / 她的留存率就远远大于其他用户的留存率。一个 UGC 社区，每当一个用户发表了一篇文章时，他 / 她的留存率远远大于未发表文章的用户的留存率。也许我们可以考虑以下试验：

（1）在社交 App 的信息流里的不同位置，添加推荐的大 V 用户。建议对比以下指标：关注用户点击、App 停留时长、7 日留存率。

（2）在 UGC 社区里，将发表文章的图标展示得更加显著。建议对比以下指标：发表文章点击、回复评论转化、7 日留存率。

4. App 转化

对一些有电商交易属性的 App，用户行为可以被概括为一个转化漏斗模型，通常流程是这样的：首页—详情页—加入购物车—结算，这其中每一个环节都可以用 A/B 测试来获得提升的机会。

首先我们需要观察漏斗的转化情况，找出其中最有增长机会的地方。

我们来看一个真实的场景案例，这是一个小说阅读类 App 的用户转化漏斗（见图 4-36）：

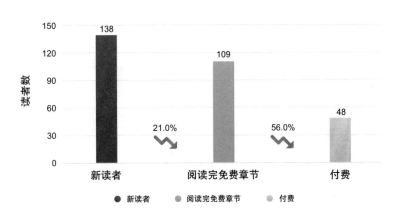

图 4-36　用户转化漏斗

从图 4-36 中可以看到，用户转化漏斗中最后一步——付费的转化率太低。

付费的场景如图 4-37 所示。

a）原始版本　　　　　　　b）试验版本

图 4-37　付费转化场景的试验

针对阅读购买流程，将图 4-37a 原始版本的购买页面修改为试验版本：把缺省"购买章节"按钮的文案变成"开通包月，免费阅读本书"。

通过 A/B 测试可以发现，付费按钮的点击带来了 150% 的增长，转化人数带来了 115% 的增长，最终收入获得了 130% 的提升。

4.2.3　网站体验优化

在移动互联网时代，网站通常担当两个角色：品牌宣传和给公众号（见图 4-38）或 App 引流。

图 4-39、图 4-40 是某两个母婴网站的引流方式对比，你认为哪个更清晰？

图 4-38　某物流公司客服给公司的微信端引流

图 4-39　引流方式 1：在官网页面底部添加二维码等

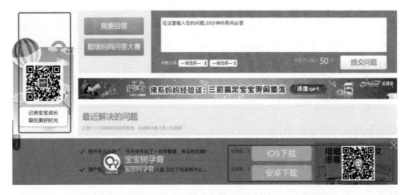

图 4-40　引流方式 2：在页面左侧和底部添加二维码等

针对引流需求，我们需要测试的是：如何能让用户在合适的地方看到合适的引流锚点。

在移动优先的时代，网站或者移动端如何将手机浏览器里的用户"拦截"下来，变成一个"死心塌地"的 App 用户，是产品经理的"头等大事"，用户在新闻详情页"空降"以后，就是最好的机会，如图 4-41 所示。

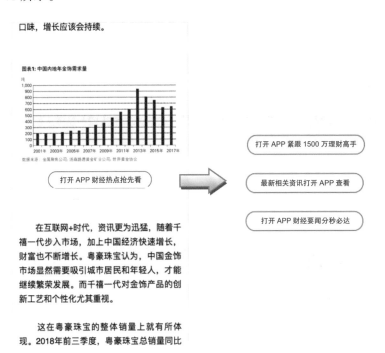

图 4-41　财经媒体

请注意右边三个按钮的文案是这款财经媒体 App 的新方案，你更中意哪一个呢？看起来都不错，还是差不多？最终，看起来朴实无华的"最新相关资讯……"这一版本的效果是最好的。

4.2.4 技术优化

1. 针对服务端或者业务压力的优化

开发人员在新业务上线时，时常会遇到以下问题，如果一个新的特性上线了，使用的人数过多，服务集群压力过大怎么办？我到底应该申请多少硬件资源配置？要解答这样的问题，可以用小流量的 A/B 测试，能起到"缓冲器"的作用。对于技术人员来说，关注的试验指标包括服务器响应时间以及其他 APM（应用性能监控）系统监控的压力数据。

图 4-42 所示的试验是某证券公司将"交易类型"登录选项去除，将其合并到后台服务的验证流程中。

图 4-42　引进第三方账号系统的试验

由于在高峰期用户频繁登录，而合并后的验证流程需要多个服务互相响应，证券公司并不确定在一段时间内是否服务端可以承受比平时多很多倍的负载。为了解决这个问题，开发人员利用业务同事常用的 A/B 测试工具进行了小流量测试。这个试验使用了 10% 的用户流量对新特性进行压力测试。在 App 端监控后端接口响应时间的指标，在后端监控了服务集群的性能。最终，经过一个星期的试验，服务端开发人员精确地衡量了新功能的压力，顺利地上线了这个功能，使后端服务集群的准备工作得到了平稳的过渡。

2. 针对业务服务资源配置的优化

除了软硬件资源，一些新项目还需要通过详细的调研，预测需要投入多少人力和物力资源。小流量 A/B 测试也可以帮助测量这些资源的需求，让企业可以把好钢用在刀刃上，合理优化配置资源。图 4-43 是某通信公司通过 A/B 测试工具灰度发布"诈骗短信鉴定"功能。

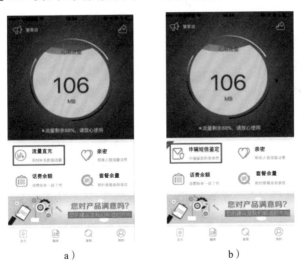

图 4-33　新功能上线的小流量 A/B 测试

通信公司为提高 App 的留存和活跃度，准备上线新的"诈骗短信鉴定"功能模块，此功能伴随着人工座席的追加投入。那么到底该投入多少座席和人力以支撑这项服务呢？如果使用的用户比预想的多很多或者少很多怎么办？于是，通信公司利用 A/B 测试小流量上线这个功能，仅通过 2% 的用户就可以精确预测全量用户需要投入多少服务资源。这次 A/B 测试验证了这个功能模块达到了设计预期，而且逐步了解了这个模块需要配置的人力资源，最终成功上线。

3. 针对服务端协议的优化

如果你的网站或 App 被流量劫持了怎么办？（流量劫持是指在数据通路上对页面进行固定的内容插入，如广告弹窗等）。一般的技术解决方案是换通信协议，如将 HTTP 换成 HTTPS（见图 4-44），虽然 HTTPS 在安全方面有优势，但是同样有一些潜在的问题，如缓存不如 HTTP 效率高，流量成本高，占用了过多的服务器资源，以及对网站或 App 的加载效率和响应时间有影响等。

图 4-44　通信协议升级的 A/B 测试

举例，某社交产品内置页面将 HTTP 协议替换为 HTTPS。在全面上线 HTTPS 之前，由于用户基数过大，内置页面时常遭到流量劫持，用户经常投诉说看不到正确的页面。更换协议会不会对经济和用户体验带来负面的影响？这个时候就需要针对不同的协议做小流量 A/B 测试进行对比。这个试验主要是观察页面响应时间指标，同时也观察社交产品用户的投诉跟以前比是否降低了。

试验结果显示，HTTPS 协议虽然带来了一些性能指标上的消耗，但消耗是在可以接受的范围内，同时因流量劫持，网站遭到投诉的情况大大缓解，于是该网站全量上线了 HTTPS 的版本。

4.2.5 算法优化

随着电子商务的技术发展，推荐算法和排序算法变得越来越炙手可热。从以前的亚马逊类型的电商公司（见图 4-45），到视频网站（见图 4-46）、外卖 App，甚至是游戏社区，似乎一夜之间所有公司都有了自己的推荐算法团队。基于内容的推荐算法、加权排序算法、协同过滤推荐算法、基于知识的推荐算法等算法层出不穷（见图 4-47），令人眼花缭乱。算法团队也是夜以继日、通宵达旦的工作，希望通过技术手段把用户留在自己的产品和 App 内。

图 4-45　亚马逊的图书

但是算法对业务指标的影响往往很细微，如何精确地评价一个算法的优劣呢？很显然，盲目研发一个效果可能不好的推荐算法是一个非常糟糕的决定。那如果不通过 A/B 测试，上线新的推荐算法和原先的算法进行统计比较呢？这通常会导致巨大的误差，比如在一个重要节日"双十一"来临之前的一个月运行旧的推荐算法并收集了数据，然后在节日来临的时候上线一个新的算法模型，那么新推荐算法"看上去"会比旧推荐算法带来 10 倍的销量增长。正确的衡量方法是用 A/B 测试，排除其他因素的干扰，仅仅对比新旧推荐算法对业务数据的影响。

图 4-46　Netflix（奈飞）的相关电影推荐

图 4-47　知乎社区的相关内容推荐

衡量一个算法的优劣离不开 A/B 测试，算法试验需要正确的试验设计。一个推荐算法试验的最佳实践如图 4-48 所示：

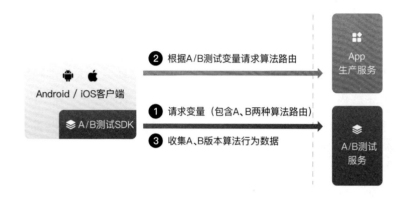

图 4-48　推荐算法的 A/B 测试

（1）分配比较少的流量，比如 10%。

（2）在前端进行试验分流，根据分流决定显示哪一个版本的算法。

（3）前端根据分流得到的算法版本决定向后端发出具体的请求，后端根据请求去执行不同的算法，向前端返回不同的推荐内容。

（4）在前端和后端，当用户触发了业务事件后，比如点击、翻页、下单等，将这些指标上报到 A/B 测试系统。

（5）在试验期间，观察各个指标 95% 的置信区间。注意，之所以推荐 A/B 测试的控制由前端来完成，而不是在后端完成的原因是：对于服务端来说，所有的用户表现都是一个个数据接口，并不能代表用户实际的真实体验。比如用户打开了一个推荐列表中的内容，但是不幸 UI 渲染失败，对前端来说可以放弃这个试验样本，但是后端却可能误认为一个用户进入了试验产生误报。在前端可以缓存很多和试验相关的数据，在合适的时机上报指标。但是在服务端处理试验相关的数据需要额外的资源和复杂的代码逻辑，会给服务的稳定性带来不必要的风险。

4.2.6　基于 A/B 测试的高效科学运营系统

很多公司都有自己的运营后台，简单地说就是运营内容，如大到 UI 的排版和布局，小到每个页面中活动 banner 图和每篇文章的标题，都是可以配置的。

即使是不懂得技术的运营人员，也能按照活动或相关要求轻松地去配置并上线内容。那么如何在一次活动中使转化率最大化？在"标题党"横行的今天，什么文章标题更能吸引人的眼球和注意力？这些都是 A/B 测试系统的强项。

中移在线服务有限公司作为中国移动运营商数据和试验驱动的排头兵，在这个方向上，是走得很远和很坚定的一个。它们在自营的电商项目中，针对活动 banner 图和标题，针对自己的运营业务系统和 A/B 测试平台做了无缝对接，如图 4-49 所示。

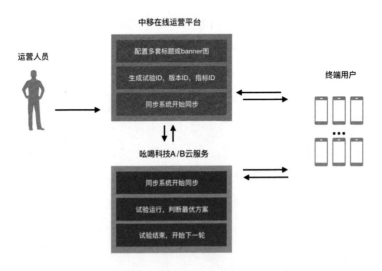

图 4-49　自营的电商项目与 A/B 测试平台对接示意图

下面以中移在线 icon（图标）试验为例（见图 4-50）做说明。

原始版本

试验版本2，点击率+25.32%

试验版本1，点击率+20.24%

试验版本3，无显著效果

图 4-50　图标试验前后的对比

此次试验是在微营销新电商平台中，考虑到商品的风格样式可能会对用户浏览有显著影响，进而使用具有 A/B 测试能力的运营后台快速开始的。试验包含原始版本一共有四个版本：

- 原始版本：线条式商品图片；
- 试验版本 1：手绘风格商品图片；
- 试验版本 2：有一定立体效果的矢量图风格商品图片；
- 试验版本 3：有一定立体效果的矢量图风格的较大商品图片。
- 本次试验关注的核心指标：商品点击率。
- 经过一周的运行发现，系统报告：与商品信息贴切度高、风格简单清爽的 icon 图片设计更能吸引用户点击，商品点击率提升了 25.32%，于是运营同学便一键发布了这个版本。

下面再举一个曾大热的世界杯相关活动的运营过程的例子。图 4-51 是中移在线世界杯期间不限量套餐推广 banner 图片的试验，由于电商产品设计人员都拿不准用户的倾向，而运营平台自身具备试验的能力，便很自然地开始了以下试验：

版本1

版本2，+112.69%

图 4-51　世界杯 banner 图片试验对比

- 试验版本 1：蓝色背景中足球员开赛前背影，文案突出不限量套餐、价格优惠；
- 试验版本 2：黄绿相间背景中足球运动员激烈比赛的身影，文案突出使用不限量套餐观看世界杯。
- 核心关注指标：banner 点击率。
- 经过三天的测试，试验收到了足够多的样本数据，系统报告：宣传图片设计中从用户角度与赛事联系更紧密的商品，宣传效果更好，对于观看世界杯的用户而言，观看世界杯和流量不限量相结合，更容易切中用户需求，提升用户 banner 活动图片点击率 112.69%。

而像上面的试验，中移在线团队每个月都要做十几个。值得注意的是，运营平台和 A/B 测试系统对接在初期打通是要付出一定成本的，但是后期一旦运行起来，对产品迭代的正面影响不可估量。

4.3　人群：A/B 测试是创新人才的必备技能

A/B 测试是一个可以广泛应用的技术，可以在各种业务场景中发挥作用，也可以被对应的不同部门的人员使用。我们来看看一个典型的互联网团队里不同岗位的人员是如何使用 A/B 测试提高工作产出量的。

4.3.1　决策

如何保证决策的正确有效是每一个项目管理者日常最重要的工作。从某种意义上来看，决策本身非常依赖于可供参考的决策信息，信息的数量和质量直接决定了决策的有效性和决策质量，甚至可能决定了决策的成败。事实上，许多决策失误就是因为占有的信息量和鉴别信息时有这样那样的问题。因而，对于决策者来讲，要提高决策的质量就要在搜集信息时了解需要掌握哪些信息、掌握多少信息和怎样鉴别已掌握的信息。决策的过程实际上是搜集信息和处理信息的过程。

对于项目甚至企业管理者而言，在大数据时代，我们的很多决策越来越依赖于数据。数据利用效率的提升，帮助决策者前所未有地提升了决策的质量和有效性。大数据带来了信息的多样性，也让更多创新性的决策成为可能。

图 4-52 是一个标准的企业提升数据利用效率的路线图，一方面是决策的创新，另外一方面是决策创新对运营改善的影响。我们可以看到路线图分为 4 个象限：第一个象限，是做数据的积累，并没有任何的数据管理过程；第二个象限，是利用所积累的数据帮助企业提升效率；第三个象限，就是更进一步，探索数据能不能对企业产生新的战略机会；最后一个象限是将效益和机会两者结合。

传统的决策流程归纳如下：（有明确目标）→（确定需要收集的数据）→数据收集→数据整合→数据分析→驱动决策。

主要的决策方式还是通过归纳总结从而判断下一步的改进方向。与这种归纳决策的"后验"式决策方法不同，A/B 测试其实是一种"先验"的试验体系，属于预测型结论。通过科学的试验设计、采样样本代表性、流量分割与小流量测试等方式来获得具有代表性的试验结论，并确信该结论在推广到全部流量时可信。

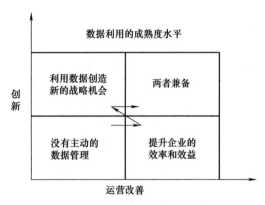

图 4-52　提升数据利用效率的路线图

有句名言是："如果无法衡量，就无法进行管理"。A/B 测试帮助业务决策者把数据利用效率提升到了一个新的高度。

摩拜单车的产品部门曾计划引入第三方 SDK，考虑到上线后可能带来的风险会影响用户体验，于是通过灰度发布先给小流量用户更新带有第三方 SDK 的版本，在后台再逐步放大参与试验版本（集成第三方 SDK）的用户流量。同时，结合摩拜单车系统自带的日志，观察崩溃率、系统性能、CPU 利用率和卡顿率等指标，实时掌握用户使用状况并进行效果分析。经过小流量用户验证分析发现，第三方 SDK 会导致 CPU 有"假死"概率，App 会崩溃。产品部门立即在线关停试验并回滚，规避了全量上线的潜在风险。

正如这个案例所展示的，A/B 测试帮助决策者在数据归纳的基础之上，利用小流量灰度上线产品改进，确保每一个迭代的决策都是正向有效的、有利于提升业务发展的。

A/B 测试驱动的创新型决策流程演变为如图 4-53 所示的流程。

图 4-53   A/B 测试驱动的决策流程

数据统计和归纳可以帮助决策者寻找优化迭代的方向，而 A/B 测试在极大降低决策风险的基础上，可以帮助决策者验证迭代方案是否真实有效，真正实现用数据做正确的决策。

我们看一些 A/B 测试在业务决策上起到关键作用的案例，如下所示：

（1）利用小流量发布规避高用户量客户时的决策风险。例如，摩拜单车在将高德地图更换为腾讯地图的过程中基于 A/B 测试的灰度发布，确保了核心指标不受影响，如图 4-54 所示。

图 4-54   重大决策的试验

（2）业务转型时利用 A/B 测试规避对存量用户的影响以及验证新业务用户的接受程度。例如，乐动力希望给新业务 App 做引流，一开始只针对一小部分老用户开放引导入口。在 A/B 测试结果显示老用户不受影响之后，再把引导入口全面放开。

（3）开发新业务的时候利用 A/B 测试衡量用户对新业务的接受程度，避免新业务投入产出比无法衡量的巨大决策风险。一个典型的案例是某证券商引进了人工智能客服导购的功能，这个功能在全面推广之前先推送给 1% 的用户进行小流量 A/B 测试，检验投资者对这种新服务的满意度，管理者可以根据试验的结果进一步决定项目的进度。

（4）在商业变现的过程中，利用 A/B 测试规避对现有用户的影响，同时测试产品的商业化潜力。流量变现会不会影响用户的体验乃至影响用户的留存？这是互联网行业的典型重大决策问题。例如，墨迹天气和虎扑体育都在上线商城业务的过程中使用 A/B 测试进行对比验证，确保主要用户群体不会因为商业功能的推出而产生反感。

在日常的工作和实践中，A/B 测试可以非常有效地帮助决策者搜集和处理关键信息，真正用数据来预测决策效果。这种取得先验性结论的能力，就像是灯塔一样，时刻为决策者指引正确的方向，避免缺少预测的决策带来的不确定性和风险。A/B 测试已经成为创新型决策者的必备技能。

4.3.2 产品

互联网产品迭代是有周期性的。我们简单梳理一下在 A/B 测试被充分应用之前，一个固定周期中产品管理者的工作流程：

（1）需求初定：先由产品经理从需求池中取出部分需求，作为本周期内需要开发的内容，并进行优先级排序。

（2）需求评估：召集设计人员、工程师、测试人员和其他相关人员，进行本周期的需求评估，以确定最终的开发内容，以及各部门工作的排期。

（3）设计与开发：跟进产品的设计、开发进度，以保证产品能够在拟定的期限内开发完成，并达到可测试水平。

（4）质量测试：在这个环节，我们要将本周期内开发完成的需求全部提交测试，修复 Bug，达到上线标准。

（5）产品上线：完成线上回测并发布给全量用户。如果是 App 产品，还需要完成应用商店的更新并推送给用户。产品上线标志着一个迭代周期的结束，同时也意味着产品经理需要开始梳理下一个周期的迭代内容。

这样的迭代循环流程被各种产品团队广泛使用。但是这个周期有个显著的问题，产品迭代改动直接对线上所有（或者很大比例的）用户生效。上线之后无法衡量产品迭代的新功能是否对业务数据的提升有帮助，更没有办法定向到具体人群，如新老用户、男女用户、不同地域的用户等，去测量产品迭代给用户带来的影响。

如果没有办法衡量产品迭代带来的影响，产品经理的工作就缺乏方向。

事实上，目前很多产品团队在产品迭代改进方向上采取的决策方法不外乎以下几种：参考竞品、用户调研、过往经验、行业惯例、集体讨论、领导决定。

实际上这些方法都不能确保前进方向的正确性。因为产品调性不同，以及用户群定位的差异，竞品的方案或许并不适合你的产品；用户调研的数据量有限，存在样本差异性和幸存者偏差，调研的结果无法准确衡量整体用户群的真正喜好；过往的经验和行业惯例或许是对的，但是固步自封反而不利于创新发展；至于集体讨论和领导决定这种拍脑袋做决策的方法则更加不可靠，只能作为头脑风暴来刺激创新。

第 2 章曾介绍过 Airbnb 的创始人在早期给一线产品经理提出的问题和要求。他发现一个新的产品功能的上线和下线都没有先经过 A/B 测试的"先验"，这样是不对的做法。创始人问："我们知不知道这个产品功能给我们的业务数据带来什么影响？是没有影响么？那我们浪费时间做它干什么；是悄悄地帮我们提升了业务的 10%？那做这个产品的团队以及个人的贡献完全没有被发现，没有得到奖励，对管理层来说这对大家是不公平的；还是这个功能让我们的业务下降了 5%？那我们可能要背着这个不必要的损失一个月甚至更长时间，可能损失上千万美元。"

相信有过产品管理经验的人员也常常会遇到相同的问题。我们很努力地在搜集用户需求、思考解决方案、设计、协调开发、上线迭代发布，是为了提升我们的核心业务指标。但是数据往往是波动的，某一时间段内的业务指标其实会受到多个因素的影响，如季节、运营活动，还有因为投放变多或者变少对新老用户比造成了变化等。产品新的功能上线，只是影响因素之一。就像 Airbnb 遇到的问题一样，产品的管理者几乎没有办法判断新的功能上线对核心业务指标造成的影响。没有经过 A/B 测试检验的产品迭代是盲目的和低效的。

让我们来看看 Airbnb 是怎么解决这个问题的：

"重要页面的修改和流程上的调优，通过灰度发布到 1% 或者 5% 的用户，看其实际对用户的数据影响（访问时间增加、留存提高、下单率提高等），决定此修改到底是 100% 发布还是被砍掉"。

如图 4-55 是 Airbnb 新用户的登录页面。对产品经理来说，这个 App 页面是用户流失率最高的环节，可能有超过 50% 的用户都在这个环节流失掉。产品经理会有很多针对这个环节的优化改进想法，图 4-55a 和图 4-55b 把谷歌和脸书的第三方账号登录顺序调换了一下，图 4-55c 则是针对欧洲地区的用户做了更大胆的试验，让新用户先浏览本地房源后再弹出注册页面。想法看着都有道理，那到底哪一种产品设计方案的转化率更高，能够有效降低用户的流失率呢？Airbnb 完全根据 A/B 测试的试验结果来决定。

a)	b)	c)

图 4-55 三个版本的登录页面

像 Airbnb 这样的创新型产品能够取得高速增长的奥秘之一就是 A/B 测试，每一次迭代和改动都会根据试验的数据结论来决定，从而确保每一次产品迭代都是正向有益的。现在 Airbnb 每周同时在线进行的试验超过 100 组，每年运行的试验数量超过 1 000 组，业务核心指标的增长都是通过 A/B 测试来驱动的。

对于以 A/B 测试驱动的创新型企业来说，它们的产品迭代流程如图 4-56 所示。

每一次产品迭代都根据试验结论做出决策，由小流量逐渐发布至大流量直至开放给全量用户。

下面我们介绍一些 A/B 测试帮助产品迭代优化的案例。

图 4-56 基于试验的产品迭代流程

（1）泰康在线。改变住院保 PC 端产品的页面布局，验证是否可以促进投保转化率的有效提升，为下一步的产品迭代指明方向。如图 4-57 所示。

（2）银天下。小程序资讯页面对于投资者用户是非常重要的，产品设计上如何让用户更快地挖掘资讯从而做出正确的投资，值得多做 A/B 测试。如图 4-58 所示。

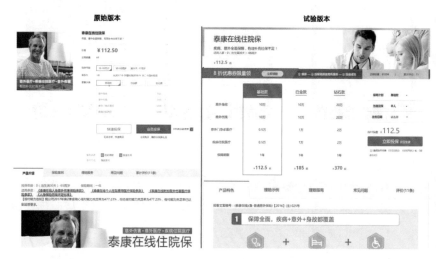

图 4-57　保险产品的改版试验

图 4-58　小程序资讯页面的改版试验

（3）华住酒店集团。华住商城官网的设计，对产品经理来说非常关键，因为这是一个重要的流量入口。如何引导用户，特别是新用户更快地体验到华住提供的产品和服务，决定了公司最终的业绩。改进的搜索框和登录入口将"马上加入"华住会按钮的转化率提升了 **44%**。如图 4-59 所示。

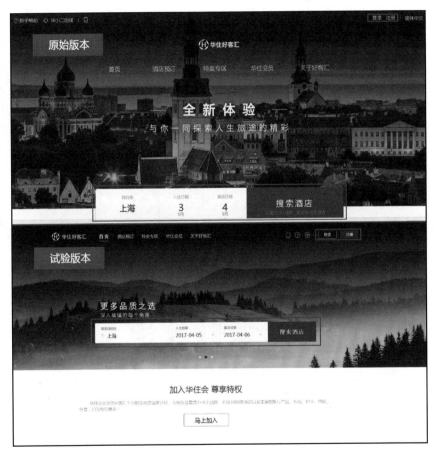

图 4-59　OTA 酒店产品的改版试验

（4）虎扑 M 站。不同的标题显示方案，对新闻 / 帖子点击量的影响是不一样的。产品经理通过一系列 A/B 测试，更深入地理解了用户：虎扑的论坛板块，用纯文字的帖子标题比用图文标题效果更好；虎扑的新闻板块，图文标题的转化率比纯文字标题的转化率更高。

4.3.3 运营

互联网用户的喜好和行为是持续变化的，所以互联网线上业务是一个变化和迭代非常快的行业，几乎每年都会出现一个新的风口。

答题类 App 是 2018 年的第一个风口。答对题目的小伙伴可以一起分奖金，而奖金总额有上百万元。互联网运营老兵都知道，高奖金的噱头本质上是一个获取用户的营销策略和手段，乍看投入高得出奇，但细算下这个模式完全成立，其背后的逻辑在于目前获取用户的成本越来越高（见图 4-60）。

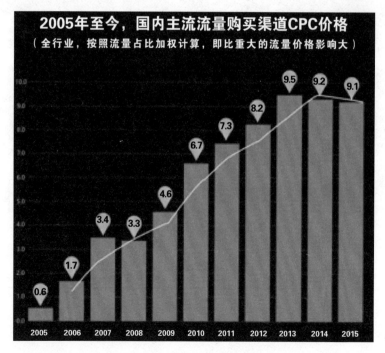

图 4-60　流量获取成本持续增加

从图 4-61 可以看出，互联网的用户红利逐渐消耗殆尽，新用户的获取越来越难，成本越来越高。而且对大多数业务来说，更严重的问题是用户留存也越来越难运营了。

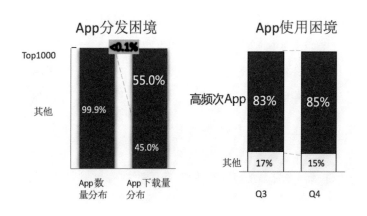

图 4-61　App 市场困境

根据数据统计，AppStore 上 App 总数不到 0.1% 的排名前 1 000 的 App 占据了 AppStore 总下载量的 55%，仍是这排名前 1 000 的 App 占据了用户总使用时长的 85% 以上，还有继续上涨的趋势。所以在 2018 年年初还非常火的答题类 App，渐渐淡出人们的视野，当用户因为高答题奖金的噱头被吸引来之后，商家却缺乏有效的运营模式将用户留存下来，没有办法占据用户稳定的应用时长，最后变成新增多少用户就流失多少用户，投入和产出不成正比，自然不可持续。

总结下来，互联网流量的马太效应非常明显，线上获取新用户的成本越来越高，留存老用户越来越难。这个大的环境趋势推动着线上运营的从业者，从传统粗放的抓大放小的运营方式往流程化和数据化转型。

流程化和数据化成为每个运营人员都要具备的基本思维。流程化的思考是运营人员对运营目标的定性思考，数据化是对这个目标实现路径和效果的定量描述，它将你的工作思路落实在具体的数据指标上以衡量你的工作效果和目标实现情况。建立数据化用户运营的必要性，既是在于定量衡量你的工作价值，又在于它是实现精细化运营的基础。

互联网线上业务的运营工作和产品工作是很难分家的，产品运营工作聚焦的数据如图 4-62 所示，这就是我们提到的流量运营 AARRR 模型（AARRR 模型的详细介绍请见本书附录 A）。实际上产品运营的日常工作就是从无到有地建立这个用户获取以及留存、转化的漏斗，然后不停优化各个环节。

 拉新：优化渠道、广告、内容、电子邮件

激活：优化第一次转化

 留存：优化第二次、第三次、第四次 …… 转化

变现：优化付费、下单、结账等一切关于钱的环节

推荐：优化现有客户如何向他的朋友来推广你的产品

图 4-62　产品运营关注的数据

作为流量精细化运营的必备工具，A/B 测试可以在漏斗的各个阶段有效地优化转化率，提升运营效率：

（1）用户拉新。我们选取了用户质量过硬的优化渠道之后，就需要设计一个用户转化的漏斗模型。这个新用户转化的漏斗需要通过 A/B 测试不断优化内容和形式。如图 4-63 所示的试验就帮助万学教育提升了56% 的页面咨询转化，相当于帮助运营人员节省了 50% 的推广运营费用，用户获取成本也相应降低了。

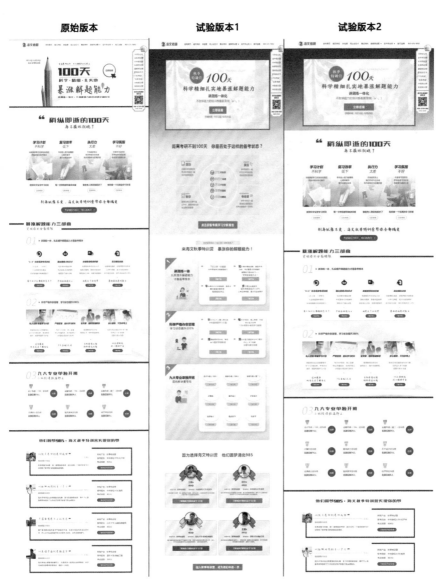

图 4-63　用户拉新环节的 A/B 测试

（2）用户激活。当用户通过拉新阶段的转化漏斗，变为注册用户以后，第一次使用产品核心功能的转化率是运营人员需要重点关注的用户激活阶段的核心指标。这里可以通过 A/B 测试同时上线多个方案来有效提升用户激活的转化率。如图 4-64 所示的试验，在用户首页优化了主打产品的排版方式，帮助泰康在线 App 首页的转化率提升了好几倍。

a）原始方案　　　　　　　　　　　　b）试验方案

图 4-64　用户激活环节的 A/B 测试

（3）用户留存。为了提升用户的留存，我们需要进行各种运营策略的调整，上线各种针对用户的激励政策。作为一个创新型运营人才，你必须知道新的运营措施上线之后是否比旧的措施更好，持续有效地改进才可以真正带来用户留存的提升。追书神器的试验如图 4-65 所示，通过改进推荐书籍的算法，把用户收藏书籍的比例提升了三倍。

（4）转化变现。流量变现是所有产品的痛点，如何在不影响现有用户体验的基础之上，提升流量转化的效率，现有的运营人员往往会依靠经验或者竞品分析来解决。实际上以往成功的经验不一定适用于现在的场景，而因为用户群体的不同，直接照抄竞品的做法或许会有完全相反的结果。运营人员需要通过掌握 A/B 测试来做决策，提升变现效率。通过一系列的 A/B 测试，追书神器把包月用户的开通转化率提升了 5 倍。

a）原始版本　　　　　　　　　b）试验版本

图 4-65　用户留存环节的 A/B 测试

（5）用户推荐。流量越来越贵，意味着用户的自发传播和推荐越来越重要。运营人员也会想到各种各样促使用户提高分享率的办法，然而这个方法是否真正有效还是需要靠 A/B 测试来实践和检验。比如，只是简单选择更好的分享按钮的图标（见图 4-66），就帮助墨迹天气提升了20% 的用户分享转化。

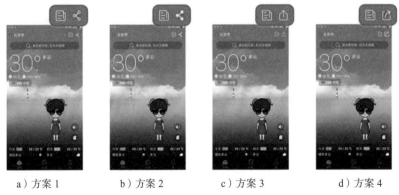

a）方案 1　　　　　b）方案 2　　　　　c）方案 3　　　　　d）方案 4

图 4-66　用户推荐环节的 A/B 测试

许多类似的案例告诉我们，通过 A/B 测试来衡量每个项目的产出，是提升精细化运营效率的核心手段。

对于创新型的运营人员来说，运营流
程化和精细化的改进，需要通过如图 4-67
所示的四个步骤循环来进行。发现、确定
问题，找到运营转化漏斗中可能需要优化
的点，思考设计出可能的优化迭代方案或
措施；提出假设，落地上线试验；设定优
化指标，采集试验数据，分析及解读均值、
置信区间、统计功效的数据；做出决策，

图 4-67 运营流程化和精细化
的四个步骤

同时根据试验结论，做出总结和改进的地方，以此为基础进行下一次的
迭代循环。可以看到，A/B 测试是流程化、精细化运营的必备技能。

4.3.4 市场

随着互联网的渗透率越来越高，网络媒体成为越来越重要的营销渠
道。在互联网时代，网络技术的应用改变了信息的分配和接收方式，改变
了人们的生活和工作的环境。针对网络媒体的营销活动，需要依靠新的方
式、方法和理念实施，才可以更有效地促进个人和组织交易活动的实现。

数字化营销是伴随着网络媒体而生的新的营销方式，本质上说数字
营销策略是一套衡量机制、流程跟踪监测以及效果评估系统，目的是确
保计划有效执行，从而促使目标达成。整个数字营销的执行及衡量机制
都离不开 A/B 测试的帮助。

我们看一下 Dior 品牌的案例。在 2016 年 9 月 9 日"迪奥红唇日"，
Dior 需要在各个渠道投放大量广告，但是在投放之前，市场部门对于营
销页面的设计有新想法，方案始终不能确定下来，如图 4-68 所示。在正
式投放之前，通过 A/B 测试发现，新想法的试验版本竟然比原始版本的
购买转化率下降了 70%，如果试验版本在此次活动中上线就会造成巨大

的损失，如图 4-69 所示。

图 4-68 Dior 新品营销方案的原始版本

图 4-69 Dior 新品营销方案的试验版本

A/B 测试可以有效地衡量不同营销方案的效果，做出数据化决策，提高市场投放的 ROI（投入产出比）。Dior 通过 A/B 测试发现了更好的营销页面设计，最终使用原始版本进行投放，确保了效果不打折。

其实市场营销巨头奥美集团在几十年前就已经将 A/B 测试用在邮件营销里以提升宣传效果，现在互联网时代的线上广告投放和营销创意更是迫切需要大量 A/B 测试来持续优化。如果不这么做，就会被花更少钱但拿到更多业务的竞争对手淘汰。

一些靠新客户拉动增长的行业更加需要 A/B 测试，如在线教育行业，因为每年的学生生源都是新客户，所以市场部门为了抢占生源往往同时维护着数十个甚至上百个不同的投放渠道，不会轻易放过任何用户触点。这些不同渠道可能又对应着成百上千个广告营销页面，要做投放试验，这些广告着陆页的转化率是市场部门的 KPI。要批量优化这么多广告页面，数据即时性和有效性都有很大的技术门槛，贸然用人工去做优化，效率很低。针对这样碎片化的营销场景，我们研发了广告着陆页优化系统 LPO（Landing Page Optimization），用于大批量用模板生成着陆页，可视化批量埋点，统一批量投放进行 A/B 测试。实时统计转化数据，通过 A/B 测试快速调整投放策略，及时有效提升着陆页的转化率。学而思、新东方等有着大量数字营销需求的企业都可以应用这套系统来规模化地优化转化效果。

4.3.5 技术

技术研发部门最关心的莫过于线上事故和由此引发的"手忙脚乱"。灰度发布作为 A/B 测试的一个重要应用场景，是解决和避免线上事故最优的解决方案。

基于 A/B 测试的代码灰度发布如图 4-71 所示。

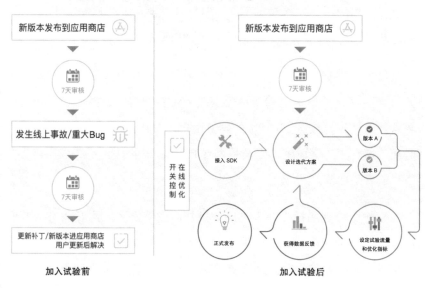

图 4-71　基于 A/B 测试的灰度发布

以 iOS App 的上线流程举例，当新版本代码发布到应用商店之后，全部苹果手机用户都会升级更新到最新版本。一旦代码里存在没有被测试出来的 Bug/ 故障，就会有发生线上事故的可能。线上事故对用户影响大，解决周期长，会使用户体验变差。

有一个真实案例，某企业市场团队配合技术团队做新版本 App 的迭代上线，在发版之后为冲榜，一天花费 10 万元进行推广。上线后发现 iOS 工程师交付了错误的分支版本，导致所有的新用户都收不到手机验证码，无法完成正常的激活操作。痛苦的是市场部门的买量合同已经生效无法撤换，只好走 App Store 应急响应通道，努力加班了 48 小时才上线了修复版本。这样一个小错误，相当于为拉新用户花的钱只是做了一次只能看不能转化的品牌广告，更糟糕的是只能看不能注册的新用户在 App Store 中留下了许多负面评价。

这样的事故虽然发生频率不高，但是每发生一次都是灾难性的影响。正确的解决方法是代码上线前应该经过 A/B 测试的灰度发布。

灰度发布根据需要，在代码中添加重要的功能开关和试验变量，把重要页面的修改和逻辑上的变更变成线上可控的组件，然后通过灰度发布将这些组件先开放给 1%~5% 的少量用户，看其实际对用户的影响（访问时间、留存率、下单率，以及是否有 Bug 等），再决定是否发布给更多用户，或者是回滚。

像案例中提到的损失完全可以通过灰度发布避免。注意通过 A/B 测试的机制，流量的调整可以对用户实时生效，不需要通过苹果 App Store 审核期。这种"悄悄"的灰度发布和及时回滚，在一定程度上可以做到用户无 Bug 感知。

技术解决方案是否能够满足线上用户的需求，服务器压力是否可以承受线上用户的流量，也是技术部门日常关注的业务点，基于 A/B 测试的小流量灰度发布可以完美地解决这个问题。

例如前面曾介绍过的某金融公司为了进一步简化登录流程，优化用户操作体验，产品部门计划上线新的用户登录选项，包括微信第三方登录和手机动态码登录等。考虑到全量上线可能会给后台服务器造成过大压力，甚至导致用户无法正常登录，技术部门决定采用灰度发布的方式逐步上线这个新功能。

新方案初始分配流量 5%，观察新方案有无 Bug，并观察主要指标，看是否对用户体验有影响，逐步按照 10%、20%、50% 分配流量，直至放量给全部用户。用户对新功能反响很好，次日留存、周留存均有所提升，同时新方案未发现 Bug，缓解了服务器压力。

无论你是在什么部门、什么岗位工作，只要是和线上用户相关的，都可以利用 A/B 测试增强战斗力，降低风险，提高产出，逐渐构建稳定的壁垒。

第5章 试验星火，终会燎原

创新是当今时代的主题，试验驱动创新是未来的主流。中国经济经过几十年的发展，在全球经济体中的角色在逐渐发生变化，需要各行各业的决策者转变思维方式，改变工作方法。如果不能跟随时代潮流，就会遇到巨大的挑战。

随着市场逐渐成熟，红利消退，消费升级，供需之间再次发生变化。只能满足用户基本需求的粗放型经营模式不再有效（有利润），固有的模式无法实现企业的持续发展。未来，企业的持续增长只能依赖持续的创新。

创新的核心推动力是试验。大胆假设，小心求证。

目前，A/B测试的思想和实践在中国市场还处于早期。相较于精耕细作地做试验、找机会，很多行业的领导们还是更期待做出一鸣惊人的爆款产品。在目前的中国市场，爆款的商机依然持续存在，但有着越来越少、越来越难找的趋势。有人调侃说，改革开放初期的下海潮是拼胆量，敢做生意就能发财，而与之形成鲜明对比的是，现在的创新、创业更加拼战略、战术，要在激烈的市场竞争中生存发展，必须具备同行业顶尖的壁垒和效率。在时代趋势下，以A/B测试为代表的试验方法会成为业务运营最有效率的手段。未来，几乎所有的生意都需要精细化运营，几乎所有的企业都需要做大量的A/B测试，才能保证不在越发激烈的竞争中掉队。

A/B测试是一种"科学"的互联网运营方法，在行业经验、数据分析、创新创意的基础上提供了可信的试验预测能力，大大提升了业务决策投入产出比的可控性。就像现代医学对传统医学的革命一样，A/B测试也会深刻改变各行各业"＋互联网"线上业务的产品和运营工作。在引入 A/B 测试之后，产品、运营、软件开发的工作流程会更加规范，业务人员的工作方法也会更加专业，决策者的管理就可以更有效率。

从长远来看，A/B 测试会成为被广泛应用的生产工具。值得注意的是，在新兴热点行业，也有很多 A/B 测试能发挥巨大作用的地方。

5.1　人工智能

技术发展的终极目标是解放劳动力。事实上，随着劳动力的逐渐减少，以及工作复杂度的逐渐增加，人工智能（AI）的发展势不可挡。人工智能可以模拟、替代乃至超越自然人的工作，从而大幅度减少人力劳动，提高生产力。如图 5-1 所示。

图 5-1　AI 改变生活

从原理上看，AI 就是对人类工作进行记录，采集数据，再通过对这些数据的挖掘分析建立一系列数学模型，这样就可以让机器通过这个模型理解人类工作，进而按照模型对外界环境进行响应，以实现对人类工作的模拟。

对于大部分 AI 系统来说，A/B 测试是非常重要的支撑环节。AI 系统的核心是数学模型，而数学模型是随着数据的不断积累和机器学习的不断进步而持续迭代升级的。每一次模型的升级，都需要通过 A/B 测试来验证新模型的有效性。以常见的金融风控模型为例，每个新模型生产出来之后，要先在线下进行交叉验证，然后放到线上开放给小业务流量的场景。接下来就是一段时间的 A/B 测试，其中对照组业务由旧模型处理，试验组业务由新模型处理，然后对比两组的审批通过率、放款额、还款逾期率、坏账额等业务指标。如果新模型经过 A/B 测试的检验确实比旧模型更好，AI 系统就可以将所有的业务流量交给新模型处理，然后下线旧模型。

从一定意义上来讲，A/B 测试是 AI 系统自我学习提升的必需环节。很多 A/B 测试的技术发展是和 AI 的技术发展共同前进的。

有了 A/B 测试的保证，AI 系统就可以不断改进关键业务指标，实现更高的商业价值。对于典型的金融风控、营销自动化、智能制造、智能视频监控、危险场所机器工人等关键任务场景，A/B 测试保证了 AI 模型的输出性能指标不断改进，从而确保工业生产的效率不断提升。而对于自动驾驶、智能电视/音箱、机器人客服/助理等人性化的消费型 AI 应用，A/B 测试能不断改善 AI 应用的用户体验，并最终给商家带来营收的增长。

换一个角度来看，现在 A/B 测试更多是用于帮助决策者实施项目和验证想法。未来，决策者的很多工作也有可能被强大的 AI 所替代。也就是说，机器人可以代替人来做大量的 A/B 测试，实现业务优化。

当然，关于复杂业务场景的决策是非常困难的，其中有巨大的变量空间，有无数的限制条件，有多重的业务指标，从理论上讲 AI 模型很难完成对通用业务场景的学习，更别说针对多模糊目标的自动优化。这种复杂场景永远需要行业专家的人类经验和创造力，不能靠 AI 实现完全自动化。

不过，有很多业务场景的目标很简单，可以做的工作（变量）也比较少，在这种情况下，AI是可以部分替代人力工作的。举例来说，线上广告营销页面的设计工作，目标单一（优化转化率提升最终销量），工作固定（尝试不同的设计模板、文案、海报）。这样的工作完全可以由机器人来替代完成，节省人力。这样的工具现在已经存在，比如我们最新研发的广告着陆页自动优化工具LPO AI（见图5-2），就是通过离线转化率模型加在线强化学习的算法来让广告投放人员不用天天盯着转化数据以及反复手动更换投放页面。

图 5-2　着陆页自动优化（LPO AI）

5.2 新零售

过去几十年中国的经济快速增长和技术爆发，让中国的消费市场发展过快。传统零售行业还没有完全成熟，新的消费习惯已经推动了新零售行业的发展。

所谓新零售，就是和传统零售不一样的适应新时代用户和商家习惯的零售行业。新零售行业的参与者，不仅有传统零售巨头的"+ 互联网""+ 大数据"，还有互联网巨头从线上走到线下，将消费体验的各个环节串联起来。

当然，无论是传统零售还是新零售，这个行业的终极问题都是在解决"人""货""场"的连接上。到底应该在什么地方给什么人卖什么东西呢？

要解决这个问题，必须用大量试验的方法找到最合适的解决方案。传统零售商的试验通常是用试点货架、试点店铺、试投放、试供货等简单的方法，只能得出模糊的试验结果，一旦规模增大，实际运营效果可能和试验结果发生较大的偏离。如果最终的效益不及预期，那么试验项目造成的损失就平白增加了零售商运营的成本，也大大减少了决策者创新的热情，毕竟什么都不做至少省了试验投入的成本。

线上电子商务的好处就是可以利用 A/B 测试系统低成本、高效率地完成试验，无论是用户个性化试验（人）、推荐商品的算法试验（货），还是店铺装修和产品设计试验（场），都可以快速实施和准确衡量，这样的试验效率远远超过了传统零售业。

不过线上零售毕竟只是新零售体验的一部分，零售行业很重要的一环仍然是线下。A/B 测试如何能够在线下场景中快速实施并且得出科学可信的试验结果，是一个有意思、有挑战的研究课题（见图 5-3）。比如，两个不同地址的店面，是否可以作为对照组和试验组来对比不同的定价策略呢？这个问题的答案取决于这两个店面的客流是否足够"相似"以及是否足够"独立"。假如一个店面在北京市朝阳区，主要访客是金融行业的女性；而另一个店面在北京市昌平区，主要访客是科技行业的男性；那么在这两家店做 A/B 测试可能是不科学的。再考虑到如果两家店都在同一个商圈，可能有不少访客会既访问 A 店又访问 B 店，这种情况下做A/B 测试也会有样本互相干扰的情况。

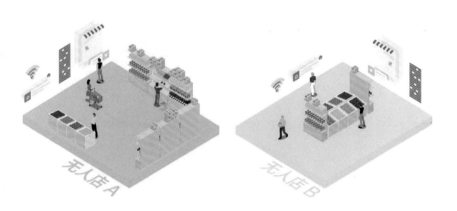

图 5-3   新零售无人店策略的 A/B 测试

我们做过的线下试验经常使用的办法是扫描二维码，通过不同的二维码来区分和对比不同试验方案的用户行为。这种方法对于某些线下场景很有用，比如在相似的门店试验不同的促销海报，但是并不适用于大多数试验场景。也许随着物联网等技术的深入发展，我们可以找到更多更好的线下零售 A/B 测试解决方案。一旦新零售行业具备了强大的线下试验能力，我们就可以期待这个行业迅速摆脱缓慢的发展路径，走向快速升级换代的快车道。

5.3 AR、VR、新硬件

虽然现在是移动互联网时代，但是用户不会永远只使用手机设备，市场上有越来越多的新硬件诞生，用来满足更多的用户需求。GoPro 智能摄像机、大疆无人机、智能手环、智能手表、智能眼镜、AI 音箱、物联网电器等新设备层出不穷（见图 5-4），让商家们充满期待和焦虑。未来到底用户的时间会花在什么新硬件里呢？

图 5-4　各种新硬件

其中备受瞩目的是有着"沉浸式体验"的增强现实（AR）和虚拟现实（VR）设备。AR 设备（如智能眼镜）可以用在我们的日常生活中，VR 设备可以替代家庭电视机和游戏机用在家庭娱乐中。日常生活和家庭娱乐都占用了用户大量的时间，所以 AR 和 VR 的技术与应用都被商家们寄予了厚望。

我们在电脑应用、移动应用、网站、小程序里做 A/B 测试已经非常方便了，但是如何在新硬件设备上做 A/B 测试呢？这是个有意思的话题。智能手表和手机非常相似，可以直接利用现有的工具和方法。不过其他类型的智能硬件就需要特别的工具了。

对于 VR 设备，VR 应用和移动应用有很强的相似性。特别是单人的

VR 应用，可以仿照手机移动应用做 A/B 测试的方法，在 VR 应用里装上试验 SDK，就可以以用户为试验单元进行采样控制和 A/B 测试。对于多人的 VR 应用，可以以设备为试验单元做 A/B 测试。

AR 设备和 VR 设备略有不同，AR 用户所看到的 AR 应用是和真实世界有交互的。也就是说，AR 设备的试验和新零售线下试验面临某些相似的挑战。从 A/B 测试的科学性角度来说，AR 设备的试验的用户采样要考虑样本的独立性和代表性。举例来说，如果一群 AR 游戏用户相聚在同一个景点寻宝，那么这些用户可以参与不同的试验版本么？会不会相互之间有干扰呢？当然，AR 应用的很多优化想法是可以用类似 VR 试验的方法实现的，有非常多可以发挥价值的场景。

对于无人机、可穿戴设备、智能家电，还有其他各种智能新硬件，它们的用户交互方式与移动应用差别较大。如何帮助这些新硬件实现高效准确的 A/B 测试，有很多有意思的挑战。举例来说，不同型号、不同版本，乃至不同批次生产的产品，都会有潜在的区别，所以需要检验算法来判断这些设备个体具体能够参与哪些试验。硬件设备的使用环境比软件的使用环境苛刻很多，软件系统遇到问题可以重新启动，硬件产品摔出一点毛病可能还要继续长期使用，这些因素一定会影响试验的设计和实施。最有挑战又最有价值的工作是，如何设计一个机制方便进行新硬件的试验，比如怎么远程控制硬件外形的改变。一旦我们发展出可以针对硬件特性和硬件设计的 A/B 测试系统，就能大幅提高硬件产品迭代优化的能力，从而让新硬件厂商可以更高效地改进产品、留存用户、获得增值商机。厂家试错效率的提升，意味着产品整体成本的下降，意味着产品改进速度的加快，也就意味着用户可以以更低的价格获取更好的体验。这是智能硬件远超传统硬件的一大亮点。

从更广的角度来讲，物联网（IoT）时代的硬件设备对比传统的不联网设备，有一个巨大的优势，就是物联网设备可以远程监视和远程控制，而这两点能力也恰好是 A/B 测试必需的条件。A/B 测试在物联网的应用发展，将会大大增强物联网在新场景解决实际问题的能力。未来通过低成本、高精度的试验，物联网将会以极高的效率快速创造商业价值。

5.4 区块链

合久必分，分久必合。互联网行业也没有跳出这个发展规律，现在的互联网已经慢慢地由百花齐放变成了中心化的结构，绝大部分用户流量都在腾讯、阿里巴巴、百度、今日头条等巨头平台上。

最近几年，区块链这项新技术及相关应用的诞生和发展，在一定程度上试图打破网络的中心化，促使分布式的去中心化的业务场景产生。

区块链从一定程度上可以解决分布式应用的共识问题，从而保证链上的每一个参与者的权益。基于区块链的智能合约、通证、加密货币等衍生技术，又可以激励网络参与者为区块链应用做出适当的贡献（见图5-5）。这些特性让很多区块链应用可以拥有忠实而活跃的用户，并且独立于主流流量平台，形成更加分布式的网络应用。

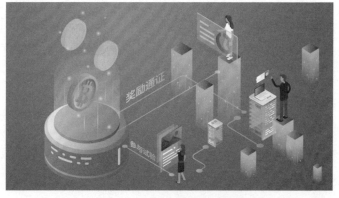

图 5-5　区块链激励试验参与者

对于区块链网络应用，A/B 测试的效率和作用可能比古典互联网更高。

首先，区块链的共识机制可以帮助解决 A/B 测试的试验者的可信问题。在古典互联网场景下，虚拟（假）的用户流量太多，比如机器人爬虫、测试机、广告监控和注入、一人分饰多角等情况屡见不鲜，这些非真实的用户流量时常会干扰 A/B 测试的结果。虽然 A/B 测试试验系统有高效的算法甄别这些误导性的数据，但是很难做到 100% 排除假流量的干扰。区块链应用的参与者很难造假，都是真实的参与者，这样做 A/B 测试的时候就不用担心受假流量的干扰。

其次，区块链的激励机制可以帮助提高 A/B 测试的试验者的动机问题。对于某些试验场景，如果参与试验的样本用户数量不足，我们可以通过通证激励的方式鼓励更多用户参与试验，比如"填写这个表单可以得到 1 个币的奖励"，从而增加试验样本数量，加速试验结果的收敛。

所以对区块链应用做 A/B 测试，理论上可以得出更精准的结果，也可以更高效地实施。区块链技术和 A/B 测试试验技术的结合，也许可以创造出很多有意思的细分用户人群的应用，打破互联网流量巨头的垄断。

5.5　智慧城市

技术的发展最终是服务人类文明的建设，而人类文明的终极创造是城市。随着越来越多新技术的发展，我们期待未来的文明城市进化为智慧城市。

智慧城市可能是集物联网、人工智能、新硬件、区块链各种新技术来服务人们生产、生活的最终形态。

　　智慧城市之所以智慧，是因为城市管理者可以使用技术来持续改善市民的城市生产、生活体验。虽然现在的城市已经很美好了，但是还有很多可以提升的空间，如晴天上下班交通拥堵，热点商圈缺少停车位；暴雨天重要路口积水成池，出行打车困难；大雪天不少路段无法通行，有些地方供暖不足；偶尔还有火灾、盗窃，以及不断出现的事故和纠纷……

　　市民的期待是不断提高的，所以城市的管理也要不断提高。除了引进更先进的硬件基础设施外，软件管理也要跟上时代的脚步。特别是在策略和规划制定阶段，A/B 测试是科学决策的必备手段。

　　举例来说，在智能交通领域，繁忙路口的红绿灯算法就值得反复微调，做 A/B 测试检验（见图 5-6）。如"红灯 30 秒、绿灯 30 秒"这样的粗放策略，不太可能是最优的方案。一个根据时间段或者车流情况自动调整红绿灯时长的策略，可能会大幅降低拥堵程度、缓解司机焦虑、减少交通事故。当然这个想法需要做 A/B 测试试验来验证。未来，可能整个城市的红绿灯都会以物联网的形式来智能化运作，从整体上改善市民的驾车出行体验。

图 5-6　智慧城市红绿灯算法的 A/B 测试

公共交通体验的改善是智慧城市特别重要的议题。比如新加坡国立大学配合政府做过一个 A/B 测试，用来研究地铁票浮动票价策略是否能影响地铁站的拥堵。这个试验的内容是：选取 500 位市民，其中 250 人是对照组，他们的地铁票是普通定价；另外 250 人是试验组，他们的地铁票是早上 7 点半以前半价。试验结果发现，有半价优惠的乘客会明显起床更早，去坐早班地铁。这说明如果合理制定票价优惠策略，新加坡的地铁早高峰难题有可能得到缓解。

污染治理特别是雾霾治理，更加需要持之以恒的试验迭代。到底什么样的规定和方法能够带来更好的治理效果？从"一刀切"似的简单粗暴做法到精细化的管理模式，都需要 A/B 测试验证才能找到实际可行的解决方案。

还有消防预警的触发机制，如果触发太容易，可能会加重消防部门的负担，增加不必要的成本；如果触发太苛刻，可能会漏报潜在的火情，带来更多的风险。所以智慧城市的消防不能仅仅安装火灾探测传感器网络，还需要做大量试验来优化预警触发条件。

治安监控也面临精细化、智能化的挑战和机会，监控摄像头的高密度部署很快就可以做到几乎没有监控死角。但是 AI 警官用什么算法来处理越来越多的视频信息，以及给城市管理者怎样的信息和指示，才能降低犯罪率，提升破案率呢？虽然 A/B 测试实施起来挑战巨大，但是这个问题的解答少不了科学的试验验证。

科技的进步最终带来的是思维方式的革命。A/B 测试试验将传统医学改造成现代科学，把人类社会从落后愚昧改造成先进光明，未来也将改造我们的日常生活和工作（见图 5-7）。

a)

b)

图 5-7　未来的试验创新愿景

试验星火，终会燎原。

附　　录

附录 A　AARRR 模型的介绍

AARRR 是 Acquisition、Activation、Retention、Revenue、Referral 这 5 个单词的缩写，分别对应一款移动应用（简称应用）生命周期中的 5 个重要环节，如图 A-1 所示。

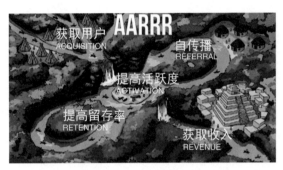

图 A-1　AARRR 模型示意图

下面我们来简单讲解 AARRR 模型中每个环节的意义。

1. 获取用户（Acquisition）

运营一款移动应用的第一步，毫无疑问是获取用户，也就是大家通常所说的推广。如果没有用户，就谈不上运营。

2. 提高活跃度（Activation）

很多用户可能是通过终端预置、广告等不同的渠道进入应用的。这些用户是被动进入应用的，如何把他们转化为活跃用户，是运营人员面临的第一个问题。

当然，这里面一个重要的因素是推广渠道的质量。差的推广渠道带来的是大量的一次性用户，也就是那种启动一次，就再也不会使用应用的用户。从严格意义上来说，这种不能算是真正的用户。好的推广渠道往往是有针对性地圈定了目标人群，这种渠道带来的用户和设计应用时设定的目标人群有很大吻合度，这样的用户通常比较容易成为活跃用户。另外，挑选推广渠道的时候一定要先分析应用的特性（如是否为小众应用）以及目标人群。对其他应用来说是好的推广渠道，对自己的应用却不一定适合。

另一个重要的因素是产品本身是否能在最初使用的几十秒内抓住用户。再有内涵的应用，如果给人的第一印象不好，也会"相亲"失败，成为"嫁不出去的老大难"。

此外，还有些应用会通过体验良好的新手教程来吸引新用户，这在游戏行业尤其突出。

3. 提高留存率（Retention）

有些应用在解决了活跃度的问题以后，又发现了另一个问题，那就是"用户来得快去得也快"。有时候我们也说是这款应用没有用户黏性。

我们都知道，通常保留一个老用户的成本要远远低于获取一个新用户的成本。所以"狗熊掰玉米（拿一个、丢一个）"的情况是运营应用的大忌。但是很多运营人员确实并不清楚用户是在什么时间流失的，于是一方面他们不断地开拓新用户，另一方面又不断地有大量用户流失掉。

解决这个问题首先需要通过日留存率、周留存率、月留存率等指标监控应用的用户流失情况，并采取相应的手段在用户流失之前，激励这些用户继续使用应用。

留存率跟应用的类型也有很大关系。通常来说，工具类应用的首月留存率可能普遍比游戏类应用的首月留存率高。

4. 获取收入（Revenue）

获取收入（又称营收）其实是运营应用最核心的一块。极少有人开发一款应用只是纯粹出于兴趣，绝大多数开发者最关心的是收入。即使是免费应用，也应该有其盈利的模式。

收入有很多种来源，主要的有三种：付费应用、广告以及应用内付费。在国内，付费应用的接受度很低，广告是大部分开发者的收入来源，而应用内付费目前在游戏行业运用得比较多。

无论是以上哪一种，收入都直接或间接来自用户。所以，前面提到的提高活跃度、提高留存率，对获取收入来说是必备的基础。用户基数大了，收入才有可能上去。

5. 自传播（Referral）

以前的运营模型到第四个层次就结束了，但是社交网络兴起后，使运营增加了一个方面，就是基于社交网络的病毒式传播，这已经成为获取用户的一个新途径。这种传播方式的成本很低，而且效果有可能非常好。唯一的前提是产品自身要足够好，有很好的口碑。

从自传播到再次获取新用户，应用的运营形成了一个螺旋式上升的轨道，而那些优秀的应用就很好地利用了这个轨道，不断扩大自己的用户群体。

通过上述这个 AARRR 模型，我们看到获取用户（推广）只是整个运营应用中的第一步，重要的环节还在后头。如果只看推广，不重视运营中的其他层次，任由用户自生自灭，那么应用的前景必定是暗淡的。

附录 B　A/B 测试术语表

1. A/B 测试

测量两个版本的页面（包括网页、App 页面、小程序页面等）或者策略算法在一个或者多个评估指标上的差异的一种试验方法。

2. A/A 测试

为了验证 A/B 测试工具 / 平台的准确性而采取的 A/B 测试方法，在这种特殊的 A/B 测试中，两个版本是一样的。

3. 增长黑客

使用轻量的、高投入产出比的方法帮助产品的用户进行增长、帮助用户留存进行优化的团队，这个团队可能包含产品、技术、运营等各个职能的人员，也指这个团队里面的成员。

4. 正交试验

多层 A/B 测试的一种层与层之间的流量分配关系，可以使多层试验的每一层都使用同样多的流量去做试验，并且尽量使各层试验之间的结果不会互相干扰。

5. 互斥试验

一种流量分配关系，使试验与试验之间独立使用流量，保证试验之间没有互相干扰。

6. 辛普森悖论

一种 A/B 测试分流不科学导致的悖论：由于不同版本流量在某些维度上的分布不均匀，导致出现整体数据和分维度数据不一致的问题。

7. 假设检验

一种统计学方法论，先对总体的参数提出某种假设，然后利用样本数据判断假设是否成立的过程。

8. 第Ⅰ类错误

在原假设为真的条件下，样本数据拒绝原假设这样一个事件发生的概率。

9. 第Ⅱ类错误

在原假设为假的条件下，样本数据未拒绝原假设这样一个事件发生的概率。第Ⅱ类错误的概率记为 β。

10. 统计显著性水平

判断第Ⅰ类错误的小概率标准。

11. p 值

在原假设为真的条件下，样本数据拒绝原假设这样一个事件发生的概率。

12. 统计显著性标准

判断试验是否统计显著的标准。一般用 α 表示。若 $p \leqslant \alpha$，那么拒绝原假设；若 $p > \alpha$，那么不能拒绝原假设。

13. 置信区间、置信水平

置信区间就是用来对一组观察样本数据的总体参数进行区间估计的区间范围。置信水平是指置信区间包含总体参数真实值的概率。置信水平代表了估计的可靠度，也叫置信度。

14. 统计功效

在假设检验中，当备择假设为真时正确地拒绝原假设的概率。统计功效等于 $(1-\beta)$。

15. 效应值

效应值是量化现象强度的一个数量值。现象强度指的是试验版本在目标指标上相对对照版本提升了多少，这个提升比例就是效应值。

16. 多臂老虎机问题

针对拥有多个收益率不确定的摇臂的老虎机，如何在筹码有限的情况下，进行下注选择，以获取期望回报最大化的最优化问题。广告着陆页的自动 A/B 测试和优化可以转化为多臂老虎机问题。

17. 着陆页优化

对广告营销等导流场景的着陆页进行页面元素编辑、美化，以提升转化率的过程。

18. 热图

在一个页面上的不同区域，用不同颜色区分用户关注度的图形。用户关注度通常用鼠标单击或者停留的频率描述。

19. 受众定向

在 A/B 测试的时候，限定试验对象，使其在某些属性上只包含特定属性值的试验方式。

20. 分组序贯分析

在 A/B 测试的过程中，多次检查试验数据，随着试验数据的变化随时决定终止试验的试验方式，会带来试验的实际第 I 类错误的概率比标称值高的问题。针对这种问题进行优化，修正第 I 类错误概率的过程，叫作分组序贯分析。

21. 留存率

某个时间开始使用应用（或网站）的用户，经过一段时间仍然留在该应用（或网站）的用户，叫留存用户。留存用户占当时的新增用户的比例，就是留存率。

22. 转化率

用户从应用（或者网站）的一个环节进入另外一个环节的概率。常见的有点击转化率、购买转化率。

23. 跳出率

在网站的访问用户中，只访问了一个页面的用户占整体用户的比例。

24. 订单均价

网站或者应用的一个订单的平均金额。

25. 应用 / 网站个性化

把应用或者网站针对特定客户的特定需求进行个性化调整。

26. 基于客户营销

把资源集中在一部分目标客户上的营销策略。在 B2B（企业对企业）企业中比较流行。

27. 行为召唤

网站中引起用户注意并采取行动的页面元素，如"注册""购买"等按钮。

28. 内容管理系统（CMS）

让内容生产者进行创建、编辑、发布网站内容的应用。

29. 持续交付

一种快速安全地进行代码开发、测试及发布的软件开发流程。

30. 决策疲劳

用户经过连续决策过程（如网站中多次选择复选框）以后，心理上出现疲劳的现象。

31. 体验优化

通过用户行为分析、用户调研、A/B 测试、个性化等方式对网站 / 应用的各个环节进行改进的过程。

32. 试验变量

A/B 测试试验中的一个开关变量，这个变量的具体值决定用户进入哪个试验组，从而决定针对该用户进行展示的具体业务逻辑。

33. 功能迭代

在软件开发中，把新功能发布给用户的过程。

34. 集客营销

通过不同渠道进行营销的时候，通过展示进入方法，把客户引导到自己的数字营销平台（官网 / 活动网站 / 应用），然后实现后续的交易达成的营销方法。

35. 在线营销

通过网络渠道进行品牌、产品、服务等信息的传播，以触达潜在客户的营销策略。

36. 每用户平均收入（ARPU）

一段时间内，网站 / 应用的总营收除以用户数得到的数值，是一个用以评价网站 / 应用的单用户贡献值的指标。

37. 销售漏斗

从吸引用户到网站 / 应用到用户完成变现的整个转化过程。一般分为拉新、激活、留存、变现等几个阶段。

38. 搜索引擎优化（SEO）

通过一些技术手段使网站在搜索引擎中的排序变得更高的方法。

39. 搜索引擎营销（SEM）

通过付费广告的方式使网站在搜索引擎结果页的曝光和转化增加。

40. 用户行为分析

对网站、应用的用户行为进行衡量和分析的过程。

41. 价值主张

提供给客户的产品或者服务的价值本质，它告诉客户为什么要从你这里而不是竞争对手那里购买产品或者服务。

42. 优化指标

在 A/B 测试试验中，用以评估各个版本优劣的数值指标。对于每个试验来说，应该确定满足决策需要的尽量少的优化指标。

43. 试验驱动

一种产品功能、策略迭代的方法论。不断尝试新的优化方案，并把新旧方案进行分组对比试验，通过数据分析得出方案优劣的结论，推进迭代过程。

44. 数据驱动

一种决策方法论。在企业生产经营的各个环节中，通过数据收集、数据分析的方法（而不是直觉或者个人经验）发现问题和解决问题。

45. 北极星指标

又叫作"唯一重要指标"，指这个指标一旦确立，就像北极星一样闪耀，指引整个团队朝一个方向迈进。

46. AARRR 模型

用以描述一个应用的生命周期的模型。这个模型包含应用生命周期的五个重要环节：获取用户（Acquisition）、提高活跃度（Activation）、提高留存率（Retention）、获取收入（Revenue）、自传播（Referral）。

47. 灰度发布

灰度发布是在产品发布的过程中，让一部分用户继续使用老版本，一部分用户开始用新版本，逐步过渡到全量用户用新版本的发布方式。灰度发布可以保证整体系统的稳定，在初始灰度发布的时候就可以发现、调整问题，以控制可能出现故障的影响度。

48. 可视化编辑

一种 A/B 测试的具体实现方式。这种方式可以在原始版本页面的基础上以所见即所得的方式改变页面的展现效果，并且对获得的不同版本的页面进行 A/B 测试。

49. 私有化部署

厂商把软件部署到客户自己的服务器上的软件应用方式。

50.SaaS

软件即服务（Software-as-a-Service）的简称。厂商把软件部署在自己的服务器上，客户通过互联网向厂商订购和使用服务的软件应用方式。

51. 广告投放平台

广告服务提供商提供给客户的广告创建、管理的平台。

52. 信息流广告

社交媒体的好友动态、资讯或者视听媒体的内容流中的广告。

53. 客户生命周期

客户生命周期是指从一个客户开始对企业进行了解或企业要对某一客户从开发开始，直到客户与企业的业务关系完全终止且与之相关的事宜完全处理完毕的这段时间。

54. 转化率优化

想办法提高转化率的过程。

附录 C A/B 测试需求分析模板

试验概述	
试验描述	（试验的简单描述，如首页改版试验）
预计完成周期	（天数）
平台	（H5、iOS、Android 后台）
试验受众	（针对哪个受众群体试验？可以是全体用户）
试验变量	（试验变量是什么？如何对应试验版本？）
试验指标	（描述试验涉及的指标及含义）

1. 试验目的

（描述本次试验希望达到的目的，如希望提升购买转化等）

2. 试验假设

（描述试验方案的来源，即为什么设计这样的方案，进而可以达到试验目的）

3. 试验方案

（详细描述试验的方案设计）

4. 流量配置

（描述试验需要多少流量，每个版本占比多少）

附录 D　试验档案表格

序号	试验开始时间	试验版本数量	运行天数	试验场景（试验假设）	主要优化指标	试验受众	流量调整记录	结果是否显著	试验期间产品稳定性反馈	产品经理备注	管理层意见

附录 E 快速上手一个试验模板

步骤	举例	此栏留给您来根据实际业务写
收集数据，发现问题	从用户转化漏斗中发现某个环节的流失率不符合预期	
建立试验目标	希望用户点击报名的转化率提升30%	
提出试验假设	1. "一节课搞懂 A/B 测试"会比"国内首个 A/B 测试课程"这样的说法更能激发用户的兴趣 2. 如果将关键的报名表单在页面中的位置从第三屏提升到第二屏，是否会带来更多的报名转化？ 3. 简化报名时的填写项，从而降低用户的焦虑感，以获得更多的转化线索？	
运行试验，验证假设		
分析试验数据，做出决策	正向统计显著、负向统计显著和非统计显著	

书名:《谷歌分析宝典:数据化营销与运营实战》

译者:宋星

ISBN: 978-7-111-61205-6

定价: 135.00 元

　　随着数据在互联网营销和运营中的重要性越来越为大家所关注,人们也迫切需要学习相关的数据知识。不过,数据的重要性虽强,但是如何下手对很多从业者而言,却是一个很棘手的问题。而我总是会给这些朋友们一个建议:了解流量数据知识,因为流量相关数据,以及从流量扩展开来的用户(顾客)相关数据,是互联网数据分析中极为重要的基础和主要发起点。同样,谷歌分析(GA)则是流量相关数据的发起点,即"发起点的发起点",因为若要从流量数据入手,你必须有玩转这些数据的工具,GA,可以说是这些工具中最为基础、最具有广泛价值的一个,并且这个工具的绝大部分功能是无限时间内完全免费的。

　　　　　　　　　　——宋星,纷析咨询创始人,互联网营销技术与数据专家

　　这是一本完整介绍谷歌分析工具功能和报告的指南,先概括性地介绍报告的功能,然后介绍衡量的策略,再介绍账户的建立和跟踪代码的安装,谷歌跟踪代码管理器、事件、虚拟页面浏览、社交操作和错误报告,流量获取,目标和电子商务跟踪、数据视图设置、数据视图过滤器和访问权限,细分、信息中心、自定义报告和智能提醒,实施的定制化,移动 App 的衡量,谷歌分析工具的集成,谷歌分析工具与 CRM 数据的集成,用第三方工具实现高级报告和可视化,数据导入和测量协议,最后介绍 Analytics 360。每章最后都有要点回顾以及实战与练习。

这本书被豆瓣评选为2018年度经管书排行榜第4名。

书名:《硅谷增长黑客实战笔记》

作者:曲卉

ISBN:978-7-111-58870-2

定价:65.00元

增长黑客这个词源于硅谷,简单说,这是一群以数据驱动营销、以迭代验证策略,通过技术手段实现爆发式增长的新型人才。近年来,互联网公司意识到这一角色可以发挥四两拨千斤的作用,因此对该职位的需求也如井喷式增长。

——曲卉,Acorns 的增长副总裁,
前增长黑客网(GrowthHackers.com)增长负责人

本书作者曾在增长黑客之父肖恩·埃利斯麾下担任增长负责人,用亲身经历为你总结出增长黑客必备的套路、内力和兵法。本书不仅有逻辑清晰的理论体系、干货满满的实践心得,还有 Pinterest、SoFi、探探、Keep 等中美知名互联网公司增长专家倾囊相授的一线实战经验。

无论你是对增长感兴趣的一线产品经理或市场运营人员,还是想要在公司内引入增长团队的公司管理层或创始人,本书将彻底为你解答做增长的疑问,帮助你首次真正将增长黑客理论落地应用,通过系统性的方法取得指数型、可持续的增长!